FORSCHUNGSBERICHTE DES LANDES NORDRHEIN-WESTFALEN

Nr. 1938

Herausgegeben im Auftrage des Ministerpräsidenten Heinz Kühn
von Staatssekretär Professor Dr. h. c. Dr. E. h. Leo Brandt

DK 621.791.76

Prof. Dr.-Ing. Dr.-Ing. E. h. Hermann Schenck
Prof. Dr. phil. habil. Norbert G. Schmahl
Dr.-Ing. Hans Küppersbusch

Institut für Eisenhüttenwesen der Rhein.-Westf. Techn. Hochschule Aachen

Erzeugung und Verhalten festhaftender Oxydschichten auf metallischen Werkstoffen

WESTDEUTSCHER VERLAG · KÖLN UND OPLADEN 1968

ISBN 978-3-663-06300-1 ISBN 978-3-663-07213-3 (eBook)
DOI 10.1007/978-3-663-07213-3

Verlags-Nr. 011938

Gesamtherstellung: Westdeutscher Verlag

Inhalt

1. Problemstellung

Es ist seit langem bekannt, daß man Metalle durch Oxydation färben und gleichzeitig damit mit einem gewissen Rostschutz versehen kann [1–4].

Nach dem letzten Kriege wurden Versuche unternommen, die Vergütung von Werkzeugen unter einer Wasserdampfatmosphäre durchzuführen, um eine saubere, zunderfreie Oberfläche zu erzielen. Dabei wurde neben einer höheren Korrosionsbeständigkeit auch die Verschleißfestigkeit der Werkzeuge wesentlich erhöht. So ergaben sich zum Beispiel bei Bohrern Standzeiterhöhungen zwischen 30 und 400% [5, 6]. Nach SWANN [6] ist dies auf zwei Gründe zurückzuführen. Einmal soll die dünne nichtmetallische Schicht ein Anschweißen kleinster abgerissener Metallpartikelchen an der Schneide verhindern. Dadurch werden örtliche Überhitzungen vermieden und die Schneide bleibt länger scharf. Zum anderen soll das Schmiermittel infolge einer gewissen Porosität der Schicht besser haften.

Die große Oberflächenhärte der Oxydschicht und das bessere Schmiermittelhaftvermögen führten weiterhin zu einer Steigerung der Verschleißfestigkeit von Gußteilen und besonders auch von Sinterkörpern.

BELJAKOVA und SAGANELIDSE [5] behandeln Kraftfahrzeugteile aus Gußeisen sowie Werkzeuge bei 540–550° C.

Auch SPANGLER gibt für Bohrer eine Behandlungstemperatur von 540° C an [7].

Nach SZEKI [8] werden Werkzeugstücke aus Stahl bei 550–600° C und Teile aus Gußeisen bei 650–700° C behandelt. In einem neueren russischen Übersichtswerk wird eine Temperatur von 600–650° C für den Fall angegeben, daß in überhitztem Wasserdampf unter Zusatz einer reduzierenden Komponente oxydiert wird [9].

Nach den angegebenen Beispielen kann man vermuten, daß durch Oxydation in überhitztem Wasserdampf mit steigender Temperatur brauchbarere Schichten erzielt werden, daß aber bei Überschreiten des Nonvarianzpunktes eine erfolgreiche Behandlung nur in Gemischen mit reduzierendem Anteil – z. B. H_2O/H_2 – möglich ist.

Selbstverständlich muß aber die für die Schichtbildung günstigste Temperatur jeweils mit der für eine Wärmebehandlung erforderlichen Temperatur abgestimmt werden.

Die von den einzelnen Verfassern angegebenen Behandlungszeiten liegen je nach Schichtstärke und Material zwischen 20 Minuten und 1½–3 Stunden.

Ein weiteres wichtiges Anwendungsgebiet ergibt sich bei der Isolation von Dynamo- und Transformatorenblechen.

Nach Angaben von DIVIS [10] entsteht bei der Oxydation von Dynamoblechen in Wasserdampf bei 450–500° C eine ca. 5–7,5 μ starke bläuliche Fe_3O_4-Schicht, die sehr gut an der Oberfläche des Bleches haftet und erst beim Biegen um 180° zerstört wird. Der Isolationswiderstand pro Lamelle wird mit 20 Ohm/cm² angegeben. Die Schicht soll gegen Korrosion widerstandsfähig sein und einen sehr guten Füllfaktor ermöglichen.

Man geht heute mehr und mehr dazu über, die Wärmebehandlung bestimmter Stahlqualitäten unter Vakuum durchzuführen [11, 12, 13]. Dabei drängt sich der Gedanke auf, gleichzeitig damit Schutzschichten zu erzeugen, indem man unter reinem Sauerstoff von ganz bestimmtem Druck glüht. Durch ein solches Verfahren müßte eine ganze Reihe Nachteile der bisher bekannten Oxydationsverfahren vermieden werden können, vor allem die schlechte Reproduzierbarkeit der Ergebnisse. Sind einmal die günstigsten Bildungsbedingungen wie Sauerstoffdruck und Temperatur bekannt, lassen sich diese im Gegensatz zu den anderen Verfahren immer wieder leicht und genau einstellen.

Dadurch, daß man den Sauerstoffdruck und damit das Oxydationspotential sehr genau einstellen kann, müßte es möglich sein, auch bei wesentlich höheren Temperaturen als den bisher meist angewandten noch dünne und haftfeste Schichten zu erzielen. Das bedeutet aber, daß die Behandlungszeit ganz wesentlich verkürzt werden kann, wodurch sich die Wirtschaftlichkeit eines solchen Verfahrens erhöht.
Es kann bisher nur vermutet werden, daß die bei höheren Temperaturen entstehenden *grauen* Oxydschichten auch bezüglich ihrer Eigenschaften wie Korrosionsbeständigkeit, Schmiermittel- und Lackhaftfähigkeit usw. den eigentlichen Bläungsschichten überlegen sind, wenn sie eine genügende Haftfestigkeit aufweisen. Nicht unwahrscheinlich ist es ferner, daß sich eine solche Oxydationsbehandlung unter vermindertem Druck auch auf die Alterungs- bzw. bei Dynamoblechen auch auf die elektrischen Eigenschaften der zu behandelnden Bleche verbessernd auswirkt.
Ziel dieser Arbeit ist es, die grundsätzliche Anwendbarkeit eines solchen Verfahrens an zwei verschiedenen Materialien zu prüfen. Es soll versucht werden, durch Oxydation unter reinem Sauerstoff bei erhöhten Temperaturen technisch nutzbare Schichten einmal auf schwach legiertem und ferner auf siliziertem Blech zu erzeugen.
Die günstigsten Bildungsbedingungen sollen untersucht werden unter der Berücksichtigung, daß sich das Verfahren wirtschaftlich und in Verbindung mit einem Wärmebehandlungsverfahren durchführen läßt.
Über die Abhängigkeit der Oxydbildung vom Sauerstoffdruck bei Eisenlegierungen ist bisher nur sehr wenig bekannt. Der Einfluß des Sauerstoffdruckes auf die Zunderkinetik der zu behandelnden Werkstoffe soll daher besonders eingehend untersucht werden.

2. Faktoren, die die Haftfestigkeit von Oxydschichten auf Metallen beeinflussen

Einen ausführlichen Überblick über wichtige Arbeiten auf diesem Gebiet hat in neuerer Zeit Tylecote [14] gegeben.
Mit den Fragen des Verhältnisses der Molvolumina von Oxyd und Grundmetall [15], der Oberflächenausbildung des Grundmetalls [14, 16–18], des Einflusses der Schichtstärke [14, 19] einer bevorzugten Korngrenzenoxydation [20], der Reinheit des Grundmaterials [16, 18], des Einflusses verschiedener Wärmeausdehnungskoeffizienten [16, 18] sowie der Plastizität des Zunders bei der Bildungstemperatur [16, 18, 21–23] haben sich viele Verfasser beschäftigt.

3. Die Abhängigkeit der Oxydbildung bei reinem und schwach legiertem Eisen vom Sauerstoffdruck

Nach der im Vorhergehenden gegebenen Literaturübersicht sollten sich für eine Verwendung als haftfeste Schutzschichten reine FeO-Schichten eignen, die auf möglichst nur schwach legiertem Eisen oberhalb der α-γ-Umwandlung gebildet werden.

Um derartige Schichten durch Oxydation unter reinem Sauerstoff zu erzeugen, ist eine genaue Kenntnis des Einflusses des Sauerstoffdruckes auf den Oxydationsverlauf erforderlich. Von besonderer Wichtigkeit ist dabei der Entstehungsbereich der reinen Wüstitphase bzw. der Übergang vom Einschichten- zum Mehrschichtenzunder.
Die hierüber im Schrifttum vorliegenden wenigen Arbeiten sind zum Teil älterer Art, zum Teil widersprechen sie sich. Es liegt daher nahe, die Abhängigkeit der Eisenoxydation vom Sauerstoffdruck über einen weiten Druckbereich erneut zu untersuchen.
Einen Überblick über ältere Untersuchungen auf diesem Gebiet gibt HESSENBRUCH [24].
Eine theoretische Deutung des Einflusses des Sauerstoffdruckes auf die Oxydationsgeschwindigkeit wurde erst auf Grund der Arbeiten von C. WAGNER [25] möglich.
Nach WAGNER wandern keine neutralen Atome, sondern Ionen und Elektronen durch das Gitter des Reaktionsproduktes, d. h. die Zunderschicht. Diese Wanderung ist aber nur über Störstellen des Gitters möglich, so daß durch eine Veränderung der Störstellenkonzentration die Oxydationsgeschwindigkeit beeinflußt werden kann.
Die Abhängigkeit der Fehlordnungskonzentration vom Sauerstoffdruck bei den nichtstöchiometrisch aufgebauten Oxyden ist von HAUFFE [26] gezeigt worden.
Aus seinen Darstellungen geht hervor, daß bei elektronenüberschußleitenden Verbindungen steigender Sauerstoffdruck eine Abnahme der Fehlordnungskonzentration bewirkt, während bei Elektronendefektleitern die Konzentration der Fehlstellen mit steigendem Sauerstoffdruck zunimmt.
Experimentelle Arbeiten über die Sauerstoffdruckabhängigkeit der Oxydation des Eisens aus neuerer Zeit sind die von HAUFFE und PFEIFFER [27], PFEIFFER und LAUBMEYER [28], SCHMAHL, BAUMANN und SCHENCK [29], RAHMEL und ENGELL [30], PETTIT und Mitarb. [31], SMELTZER [32] und in neuester Zeit KOCH [33].

3.1 Versuchsdurchführung

Im folgenden sollen die sich widersprechenden Ergebnisse überprüft und besonders der Entstehungsbereich der reinen Wüstitphase bei 960° C festgelegt werden.
Die Untersuchungen wurden an unter Vakuum erschmolzenem Reineisen durchgeführt. Zum Vergleich und um einen Anschluß an die Arbeit SCHMAHL, BAUMANN und SCHENCK [29] zu gewinnen, wurden außerdem noch unter Wasserstoff geglühtes Elektrolyteisen sowie eine reine binäre Legierung mit 0,54% Mn untersucht.
Die Analysen der verwendeten Materialien sind in der Tab. I (die Tabellen stehen im Anhang ab Seite 37) aufgeführt.
Die Probenabmessungen betrugen 25 × 35 × 2 mm für Elektrolyteisen und 25 × 45 × 3 mm für Reineisen und die Fe–Mn-Legierung. Die Proben wurden auf allen Seiten bis zur Körnung »04« geschliffen, naß poliert und anschließend mit Alkohol oder Azeton gereinigt.
Zur Versuchsdurchführung wurde die schon von SCHMAHL, BAUMANN und SCHENCK beschriebene Waage in verbesserter Ausführung benutzt, die es gestattet, die Gewichtszunahme unter einer Gasatmosphäre von vermindertem Druck fortlaufend zu messen.
Die von SCHMAHL, BAUMANN und SCHENCK [34] beschriebene Temperaturregelung über einen Fallbügelregler wurde bei diesen Unterdruckversuchen wieder zugunsten einer Handregelung aufgegeben. Abb. 1 (die Abbildungen stehen im Anhang ab Seite 40) zeigt den Aufbau der Apparatur.
Die Probe wird durch das seitlich angebrachte Fenster eingeführt und das System auf 10^{-2} Torr evakuiert. Bei laufender Pumpe wird die Probe dann mit einer Geschwindigkeit von ca. 7 cm/min durch den Aufzug in die temperaturkonstante Zone eingefahren. Nach Auswiegen der Probe wird das Reaktionsrohr vom übrigen System

abgesperrt. Nach 10 Minuten hat die kalte Probe die gewünschte Temperatur angenommen, das gestörte Ofenraumgleichgewicht ist wieder hergestellt.
Während dieser Zeit wird in der Waagenglocke und im Vorratsbehälter der gewünschte Sauerstoffdruck eingestellt, so daß bei Versuchsbeginn das Gesamtsystem sofort unter den erforderlichen Druck gesetzt werden kann. Lediglich bei Drucken unterhalb ca. 1 Torr erfolgt der Druckausgleich langsamer, so daß hier der Zeitpunkt 0 des Versuchsbeginns weniger eindeutig festgelegt werden kann.

3.2 Ergebnisse der Verzunderungsmessungen

3.21 Elektrolyteisen, 10–695 Torr

Die Verzunderung von unter Wasserstoff geglühtem Elektrolyteisen folgt zwischen 10 und 695 Torr dem parabolischen Gesetz. Wie aus der Abb. 2 hervorgeht, ist innerhalb dieses parabolischen Bereiches eine schwache aber deutliche Zunahme der Verzunderungsgeschwindigkeit mit steigendem Sauerstoffdruck vorhanden. Aus der quadratischen Auftragung geht weiter hervor, daß der Kurvenverlauf sich mit steigendem Sauerstoffdruck immer mehr einer Geraden nähert, das parabolische Gesetz also immer besser erfüllt wird.
Die Versuche an Elektrolyteisen und der Eisen–Mangan-Legierung wurden noch ohne Dosierventil durchgeführt, das Nachregulieren des Druckes erfolgte diskontinuierlich über einen Glashahn mit feiner Bohrung.
Daraus erklärt sich die Form der in Abb. 2 mit eingezeichneten Kurven eines 2- und eines 3-Torr-Versuches. Während bei 2 Torr annähernd linearer Verlauf vorzuliegen scheint, erfolgt die Oxydation bei 3 Torr schon nach einem parabolischen Gesetz. Durch die hohe Oxydationsgeschwindigkeit bei diesem Druck wird der dem System zur Verfügung stehende Sauerstoff rasch verbraucht. Sinkt der Druck unter 3 Torr, verläuft die Oxydation nach einem linearen Gesetz, wird der Druck dann wieder erhöht, erfolgt parabolischer Verlauf.
Nach dem 2-Torr-Versuch weist die Probe einen dunklen sammetartigen Zunder auf (Abb. 3), während bei Drucken von 10 Torr und höher der bekannte glatte, hellgraue Zunder entstanden ist (Abb. 5). Nach der stufenförmigen Verzunderung bei 3 Torr sind auf der sammetartigen Grundschicht, die auf der oberen Probenhälfte (Bohrung) noch schwach sichtbar ist, grobe Kristalle aufgewachsen (Abb. 4).
Eine ähnliche Ausbildung derartiger schöner kristalliner Zunderoberflächen beim Unterschreiten eines gewissen »kritischen« Druckes wird unter anderem in einer frühen Arbeit von Pfeil [35] ausführlich beschrieben.

3.22 Fe–0,54%-Mn-Legierung, 10–695 Torr

Die Oxydation der Fe–0,54%-Mn-Legierung verläuft ähnlich (Abb. 6).
Wieder entsteht bei niedrigem Druck eine Stufenkurve, der »kritische« Druck des Überganges vom linearen zum parabolischen Verlauf liegt jedoch etwas tiefer als bei Elektrolyteisen. Auch im parabolischen Bereich ist im allgemeinen bei annähernd gleichem Druck eine etwas geringere Oxydationsgeschwindigkeit als bei Elektrolyteisen festzustellen.
Im Gegensatz zu Elektrolyteisen fallen die Kurven für die Versuche bei 400 und 695 Torr aus dem Gesamtbild heraus und liegen zwischen dem 10- und dem 50-Torr-Versuch.

3.23 Reineisen, 10–695 Torr

Die Oxydationsgeschwindigkeit des Reineisens I ist mit der der Eisen–Mangan-Legierung vergleichbar. Bei etwas geringfügigerer Druckstufung decken sich die Gesamtbereiche der parabolischen Verzunderung.
Bei etwa 300 Torr hat die Gewichtszunahme ihr Maximum erreicht und wird mit steigendem Druck wieder erniedrigt.

3.24 Reineisen, 0,25–3 Torr

An Reineisen der Schmelze II wurde der für eine technische Anwendung interessante Bereich zwischen 0,25 und 3,0 Torr näher untersucht.
Aus der quadratischen Auftragung der Abb. 7 geht der Kurvenverlauf deutlich hervor. Sieht man von den ersten 20 Versuchsminuten ab, erkennt man, daß die Kurven der Versuche mit 1,5 Torr und weniger leicht durchhängen. Die Werte der Versuche mit 2,0 und 2,5 Torr lassen sich dagegen um eine Gerade ordnen.
Auch auf Grund eines 2-Torr-Versuches über 4 Stunden, der an einer Probe der Reineisenschmelze III durchgeführt wurden, kann nicht mit Sicherheit entschieden werden, ob linearer oder parabolischer Kurvenverlauf vorliegt (Abb. 9).

3.3 Metallographische Untersuchungen

Nach den Versuchen bei 0,25 und 0,5 Torr weist die Probenoberfläche eine dünne grobkristalline Zunderschicht auf, die in deutlichem Zusammenhang mit der Struktur des Grundmaterials steht (Abb. 8a). Nach Anschleifen der Probe erkennt man eine kompakte, ca. 20–25 μ starke Wüstitschicht.
Bei Drucken $\geqq$ 0,7 Torr bedeckt sich die Probe mit einer gleichmäßigen sammetartigen Schicht, wie sie schon bei den Versuchen an Elektrolyteisen beobachtet wurde (Abb. 8c). Der Anschliff der Probe des 1,5-Torr-Versuches zeigt eine ca. 138 μ starke FeO-Schicht mit einem Fe_3O_4-Saum von 1–2 μ.
Zur Klärung der anfänglich höheren Oxydationsgeschwindigkeit bei Drucken größer 0,5 Torr wurde eine Probe 15 Minuten lang bei 0,7 Torr oxydiert. Die Aufnahme der Probenoberfläche (Abb. 8b) zeigt, daß sich die Wüstitschicht erst teilweise mit Magnetit bedeckt hat. Diese Beobachtung könnte dafür sprechen, daß sich die Magnetitschicht erst nach einer gewissen Zeit auszubilden beginnt, und daß der Zeitpunkt des stärkeren Abknickens der Kurve mit einer nun vollständigen Bedeckung der Oberfläche mit Magnetit verknüpft ist.
Von einem Sauerstoffdruck von 3 Torr ab zeigt die Probe den bekannten glatten Dreischichtenzunder mit Magnetitausscheidungen in der Wüstitphase.
Die Ausmessung der Schliffe des 3-Torr-Versuches (Abb. 10) und des Versuches mit 200 Torr ergibt folgende Schichtstärken:

		3 Torr	200 Torr	
FeO	=	550 μ	558 μ	
Fe_3O_4	=	25 μ	25 μ	Reineisen, 950° C, 2 h
Fe_2O_3	=	5 μ	5 μ	

Bei der unter höherem Druck verzunderten Probe konnte nur eine stärkere Zunahme der Wüstitschicht festgestellt werden. Die Stärke der Hämatit- und der Magnetitschicht ist dagegen bei beiden Proben im Rahmen der Meßgenauigkeit die gleiche.

Die Ergebnisse der metallographischen Untersuchungen wurden durch Röntgenfeinstrukturanalysen bestätigt.

3.4 Reaktionstemperaturen

Die bei der Bildung der Eisenoxyde auftretenden Reaktions- oder Übertemperaturen und ihr Einfluß auf die Zunderkinetik sind eingehend von Schmahl, Baumann und Schenck [34, 36] untersucht worden.
Für die im adiabatischen Fall theoretisch zu erwartenden Temperaturerhöhungen geben die Verfasser folgende Gleichung an:

$$\Delta T\,(^\circ\mathrm{C}) = \frac{-\Delta H_T^0 \cdot \text{Atom-Gew. Fe} \cdot x\ \text{mg O}}{1000 \cdot \text{Atom-Gew. O} \cdot C_p\,\text{Fe} \cdot m_0}. \qquad (1)$$

Darin bedeuten:

ΔT = die maximale Übertemperatur für den adiabatischen Fall;
ΔH_T^0 = die Enthalpie bei der Bildung von 1 Mol Eisen(II)-oxyd aus Eisen und Sauerstoff;
x = die umgesetzte Sauerstoffmenge;
C_p Fe = die Atomwärme des Eisens;
m_0 = das Ausgangsgewicht der Probe.

Um einen Überblick über die bei der Oxydation in ruhender Sauerstoffatmosphäre von vermindertem Druck zu erwartenden Reaktionstemperaturen zu gewinnen, wurden einige direkte Messungen an Elektrolyteisenproben durchgeführt.
Die zu messende Probe ist punktförmig in einem Gestell aus zunderfestem Material gelagert. Dieses Körbchen ist an einem Thermoelementschutzrohr befestigt, das in den Flanschkopf des Reaktionsrohres eingekittet ist. Beim Aufsetzen des Flanschkopfes auf das Reaktionsrohr wird das Körbchen in die temperaturkonstante Zone geschoben. Die Schweißperle des Thermoelementes ist dabei in unmittelbarer Berührung mit der Probe.
Das Thermoelement zur Messung der Ofentemperatur wird auf der entgegengesetzten Seite des Reaktionsrohres eingesetzt. Das Einführen der Probe erfolgte unter strömendem, gereinigtem Stickstoff. Vorversuche ergaben, daß dabei eine vorhergehende Oxydation vermieden wird.
Die Messungen wurden bei 920° C an Elektrolyteisenproben mit einer spezifischen Oberfläche von 0,8 cm^2/g durchgeführt. Abb. 11 zeigt den Temperaturverlauf bei 4 verschiedenen Sauerstoffdrucken.
Bei allen Drucken wird das Temperaturmaximum nach ca. 20–25 Sekunden erreicht. Ungefähr bis zur 150. Sekunde werden die Übertemperaturen bis auf einen Anteil wieder abgebaut, der auch über längere Zeiten nur langsam abnimmt. Mit steigendem Druck werden steigende Übertemperaturen beobachtet. Bei Drucken größer 100 Torr wird jedoch trotz der im Reaktionsrohr eingelagerten Keramikscheiben die Probe beim plötzlichen Einströmen des Gases so stark abgekühlt, daß sich die Reaktionstemperaturen weniger bemerkbar machen. Die bei einem Versuch mit 150 Torr beobachteten Übertemperaturen sind geringer als bei einem Versuch mit 5 Torr. Man erkennt in der Abb. 11, wie die Probentemperatur zu Versuchsbeginn kurzzeitig unter den Sollwert von 920° C sinkt. Die höchste gemessene Übertemperatur betrug 66° C bei einem Sauerstoffdruck von 80 Torr.

3.5 Änderung des Sauerstoffdruckes während des Versuches

Aus den im Vorhergehenden beschriebenen Oxydationsversuchen geht hervor, daß im parabolischen Bereich eine bedeutende Druckabhängigkeit nicht existiert.
Auf der anderen Seite zeigen die an verschiedenen Materialien durchgeführten Versuche, daß mit großer Wahrscheinlichkeit eine Druckabhängigkeit in bescheidenem Ausmaße vorliegt.
Zur zusätzlichen Prüfung dieser Ergebnisse wurde untersucht, wie sich eine nachträgliche Änderung des Sauerstoffdruckes auf die Oxydation auswirkt. Dazu wurden Reineisenproben der Schmelze III einheitlich unter einem Anfangsdruck von 60 Torr oxydiert. Während bei einem Versuch dieser Druck über den gesamten Versuchszeitraum aufrechterhalten wurde, wurde bei den beiden anderen Versuchen der Druck nach einer gewissen Zeit erhöht. Und zwar wurde einmal der Sauerstoffdruck nach der 20. Minute auf 150 Torr und nach der 30. Minute auf insgesamt 200 Torr gesteigert, und im anderen Fall wurde nach der 45. Minute ein Sauerstoffdruck von 200 Torr eingestellt.
Aus Abb. 12 geht deutlich hervor, daß tatsächlich die jeweiligen Druckänderungen zu einer klaren Veränderung der Steigung geführt haben.

3.6 Versuche mit Reaktionsverzögerung

Verschiedentlich wurde beobachtet, daß die Oxydation bereits nach wenigen Minuten stark verlangsamt wurde, erst durch Abpumpen und erneutes Einstellen des Sauerstoffdruckes wieder in Gang gebracht werden konnte, um danach mit der zu erwartenden Geschwindigkeit abzulaufen.
Diese Erscheinung wurde insgesamt zweimal bei einem Sauerstoffdruck von 3 Torr und je einmal bei 10 Torr und bei 1 Torr beobachtet. Es handelte sich dabei also stets um Drucke, die im Übergangsbereich vom Ein- zum Zweischichtenzunder bzw. vom Zwei- zum Dreischichtenzunder liegen, und bei denen die Ausbildung der nächst höheren Oxydschicht aus irgendeinem Grund verzögert wurde.

3.7 Erörterung und Vergleich der Versuchsergebnisse

3.71 Druck 3–760 Torr

Die Versuche im Sauerstoffdruckbereicn von 3 bis 760 Torr werden durch das parabolische Zundergesetz beschrieben. Aus der quadratischen Auftragung der Gewichtszunahme gegen die Zeit geht jedoch hervor, daß eine völlige Geradlinigkeit selten erreicht wird. Die Kurven der meisten Vcrsuche sind je nach Versuchsmaterial in Abweichung von einer Geraden mehr oder weniger leicht rechtsgekrümmt. Es wird angenommen, daß dafür folgende Gründe verantwortlich sind:
Die Phasengrenze Metall–Zunder wandert im Laufe der Oxydation nach innen, die Kontaktfläche wird also laufend kleiner. Da es aber allgemein üblich ist, zur Bestimmung des $\Delta m/q$-Wertes bei Blechen die Ausgangsoberfläche einzusetzen, erhält man mit zunehmender Versuchsdauer eine zu kleine Gewichtszunahme je Oberflächeneinheit [37]. Der dadurch entstandene Fehler dürfte aber gegenüber einer weiteren Erscheinung weniger ins Gewicht fallen. Um den Kontakt mit dem Grundmaterial aufrechtzuerhalten, muß der Zunder »fließen«. Wie verschiedentlich gezeigt wurde [16], ist das auf großen ebenen Flächen durchaus möglich. An den Kanten dagegen stützen sich die Schichten gegenseitig ab und hindern sich am plastischen Fließen. Dadurch kann

der Kontakt zwischen Zunder und Metall gelockert werden. Es kann zu einer Übergangshemmung kommen, die Wüstitbildung kann verlangsamt und im Extremfalle so verringert werden, daß nur noch die Magnetit- und die Hämatitschicht auf Kosten des Wüstits weiterwachsen.

Beispiele hierfür bieten die Versuche mit Elektrolyteisen bei 10 und in schwächerem Maße bei 120 Torr, wo nach 90 bzw. 70 Minuten die Kurven stark abknicken. Nach dem Aussehen der Proben zu urteilen, scheint bei diesen beiden Versuchen das Abplatzen der Zunderschicht aber in erster Linie durch eine Gasentwicklung aus dem Grundmaterial hervorgerufen worden zu sein.

Ähnliche Beobachtungen wurden von einer ganzen Reihe von Autoren gemacht, so von ENGELL und WEVER [38], CAGNET und MOREAU [39], GULBRANSEN und ANDREW [40, 41], JUENKER, MEISSNER und BIRCHENALL [42] sowie RAHMEL und ENGELL [30].

Um sowohl diese Störungen als auch den Einfluß der Übertemperaturen zu Versuchsbeginn auf die Bestimmung der Zunderkonstanten einzuschränken, wird zur Berechnung der k''-Werte der Verlauf der Geraden zwischen der 30. und 90. Minute verwendet, während RAHMEL und ENGELL [30] meist zwischen der 10. und 100. Minute bleiben.

In der Tab. 1 werden zunächst die für einen Sauerstoffdruck von ~ 1 atm berechneten Konstanten den neueren Angaben des Schrifttums gegenübergestellt. Es ergibt sich eine gute Übereinstimmung.

*Tab. 1 Zunderkonstante k'' bei 950° C und $P_{O_2} \cong$ 1 atm nach Ergebnissen dieser Arbeit und nach Angaben des Schrifttums*****

Autor	Material	P_{O_2}	k''
Eigene Messung	Elektrolyteisen	695*	$4{,}407 \cdot 10^{-5}$
Eigene Messung	Reineisen	695*	$3{,}703 \cdot 10^{-5}$
DAVIES, SIMNAD, BIRCHENALL [43]	Reineisen	760**	$\sim 5 \cdot 10^{-5}$***
SCHMAHL, BAUMANN, SCHENCK [44]	Elektrolyteisen	760**	$4{,}081 \cdot 10^{-5}$
SCHMAHL, BAUMANN, SCHENCK [29]	Elektrolyteisen	758*	$4{,}167 \cdot 10^{-5}$
RAHMEL, ENGELL [30]	Reineisen	625*	$3{,}13 \cdot 10^{-5}$
RAHMEL, ENGELL [30]	Reineisen	760**	$3{,}5 \cdot 10^{-5}$

* = ruhende Atmosphäre
** = strömende Atmosphäre
*** = Wert aus Kurvenzug entnommen
**** Siehe auch SCHMAHL, KÜPPERSBUSCH, SCHENCK, Arch. Eisenhüttenwesen 34 (1963), 115–123.

Zur Darstellung einer Druckabhängigkeit werden in Abb. 13 die in den Tab. II, III und IV enthaltenen Zunderkonstanten gegen den Sauerstoffdruck aufgetragen und mit den Angaben von SCHMAHL, BAUMANN und SCHENCK [29] sowie RAHMEL und ENGELL [30] verglichen.

Bei allen drei untersuchten Materialien wird eine schwache Sauerstoffdruckabhängigkeit der Oxydationsgeschwindigkeit festgestellt. Die von SCHMAHL, BAUMANN und SCHENCK gefundene bedeutende, fast geradlinige Abhängigkeit der Zunderkonstanten vom Sauerstoffdruck wird jedoch nicht bestätigt. Auf der anderen Seite widersprechen die Ergebnisse von RAHMEL und ENGELL der vorliegenden Arbeit nicht, nur scheinen die hier festgestellten geringen Druckabhängigkeiten dort zum Teil durch den Fehlerbereich verdeckt zu werden.

Eine Erklärung für die beobachtete geringe Druckabhängigkeit innerhalb des parabolischen Gesetzes ist in der Wagnerschen Zundertheorie nicht enthalten. Die Oxydationsgeschwindigkeit des Wüstits müßte vom Sauerstoffdruck der Gasphase unabhängig werden, sobald sich eine stabile Magnetitschicht gebildet hat. Und da die Bildungsgeschwindigkeit des Wüstits praktisch gleich der Oxydationsgeschwindigkeit des Eisens zu setzen ist, müßte damit auch die Oxydationsgeschwindigkeit des Eisens unabhängig vom Sauerstoffdruck sein, sobald sich eine Magnetitschicht gebildet hat.

Daß die in dieser Arbeit beobachtete Druckabhängigkeit zufällig ist und innerhalb der Fehlergrenze liegt, wie das RAHMEL und ENGELL von ihren Versuchsergebnissen annehmen, ist unwahrscheinlich.

Dagegen spricht vor allem die Beobachtung, daß auch noch durch eine Druckerhöhung während des Versuches die Oxydationsgeschwindigkeit gesteigert werden kann.

Zwischen den einzelnen untersuchten Materialien ergeben sich außerdem innerhalb der Druckabhängigkeit ganz charakteristische Unterschiede, obwohl alle Proben in der gleichen Anlage unter den gleichen Versuchsbedingungen in absichtlich ungeordneter Reihenfolge untersucht wurden.

Die Staffelung der Kurven nimmt in der Reihenfolge Reineisen–Elektrolyteisen–Eisen-Mangan-Legierung deutlich zu. Während bei der Eisen–Mangan-Legierung die Druckabhängigkeit schon bei Versuchsbeginn erkennbar ist, fallen die Kurven bei Reineisen in den ersten 20 Minuten fast zusammen. Dies kann auf einen Einfluß von bestimmten Probenverunreinigungen oder Legierungselementen hindeuten.

Unterschiede in der Probentemperatur, hervorgerufen durch einen mit steigendem Gasdruck größeren Anteil von Wärmeleitung, dürften bei der Temperatur von 950°C wohl nicht entscheidend werden.

In Betracht gezogen werden muß dagegen, daß mit steigendem Sauerstoffdruck eine gewisse Gasumwälzung durch Temperaturunterschiede innerhalb des Systems hervorgerufen wird. Ein Einfluß der Strömungsgeschwindigkeit wurde allerdings von RAHMEL und ENGELL bei ihren Versuchen in Sauerstoff–Argon-Gemischen nicht beobachtet.

Unklar bleibt weiter, warum die Oxydationsgeschwindigkeit bei Reineisen und der Eisen–Mangan-Legierung nach anfänglichem Anstieg mit dem Druck bei hohen Drucken wieder abfällt. Man könnte annehmen, daß dies auf eine Temperaturerniedrigung der Probe beim raschen Einströmen einer großen Gasmenge zurückzuführen ist. Tatsächlich sinkt bei hohen Drucken trotz der zur Gasvorwärmung im Reaktionsrohr eingelagerten keramischen Perlen die Temperatur zu Versuchsbeginn auch etwas ab, bzw. machen sich die Übertemperaturen nicht so stark wie sonst bemerkbar. Dem steht aber gegenüber, daß sich die Temperatur wieder sehr schnell ausgleicht. Außerdem wurde die Erscheinung bei Elektrolyteisen nicht beobachtet, und bei Reineisen wirkte sie sich erst nach einiger Zeit aus.

3.72 Druck 0,25–3 Torr

Bei Sauerstoffdrucken bis zu 0,5 Torr entsteht reiner Wüstit, der Aufbau des Zunders steht dabei in engem Zusammenhang mit den Kristallorientierungen im Grundmaterial. Die Oxydationsgeschwindigkeit ist druckabhängig und folgt innerhalb der Behandlungszeit von 120 Minuten einem linearen Gesetz.

Bei einem Druck von 0,7 Torr bildet sich auf der Wüstitschicht eine dünne Magnetitschicht aus. Diese Beobachtung stimmt nicht ganz mit der von PFEIFFER und LAUBMEYER [28] vertretenen Ansicht überein, daß bei 1000°C unterhalb $P_{O_2} = 1$ Torr nur Wüstit entsteht. Setzt man einen Druckeinstellfehler von $\pm$ 15% in diesem Meßbereich an, erscheint der Unterschied immer noch zu groß.

Beobachtungen an schwach legierten Blechen, über die im folgenden noch berichtet wird, lassen dagegen vermuten, daß sich der Entstehungsbereich der reinen Wüstit-

phase mit fallender Temperatur zu niedrigeren Drucken hin verschiebt, so daß die Ergebnisse nicht ohne weiteres verglichen werden können.
Wird der Druck auf 3 Torr erhöht, entsteht Dreischichtenzunder, die Oxydation erfolgt nach einem parabolischen Gesetz.
Der Übergangsbereich zwischen der linearen und der parabolischen Gesetzmäßigkeit – bei den vorliegenden Versuchen also der Bereich zwischen $> 0{,}5$ und < 3 Torr – ist weniger einfach darzustellen. Auf Grund der vorliegenden Versuchsergebnisse kann nur festgestellt werden, daß die Oxydation innerhalb des betrachteten Zeitraumes weder einem rein parabolischen noch einem rein linearen Gesetz gehorcht.
Es muß hierbei berücksichtigt werden, daß sich die Magnetitschicht erst allmählich bildet und sich auch nach vollständiger Bedeckung der Wüstitoberfläche zunächst wohl noch in einem thermodynamisch instabilen Zustand befindet. In diesem Druckbereich werden also Diffusionsvorgänge für den Reaktionsablauf noch nicht allein zeitbestimmend sein.
Da wegen der Vielzahl möglicher geschwindigkeitsbestimmender Teilschritte (vgl. z. B. HAUFFE [26]) schon die Beschreibung reiner Phasengrenzreaktionen Schwierigkeiten bereitet, werden die Verhältnisse dadurch noch komplizierter.
Bei sorgfältigem Abwägen aller Beobachtungen ergibt sich für die Deutung des Kurvenverlaufs unter anderem die folgende Möglichkeit:
Es bildet sich zunächst reines FeO. Die Strömungsgeschwindigkeit des Gases beim Druckausgleich zwischen Gasbehältern und evakuiertem Reaktionsrohr beeinflußt dabei in allmählich abnehmendem Maße die Oxydationsgeschwindigkeit. Trotz geschwindigkeitsbestimmender Phasengrenzreaktion wird dadurch zu Versuchsbeginn ein diffusionsgesteuerter Oxydationsverlauf vorgetäuscht.
Von einzelnen Keimen ausgehend, bildet sich über der FeO-Schicht allmählich eine Magnetitschicht aus, und zwar um so schneller, je höher der angewandte Sauerstoffdruck ist. Sobald diese zweite Schicht einen geschlossenen Zustand erreicht hat, nimmt die Oxydationsgeschwindigkeit einen konstanten Wert an. Solange die Magnetitschicht noch sehr dünn ist, bleibt der Kurvenverlauf linear. Hat die Schicht einen bestimmten kritischen Wert erreicht, d. h., steht sie in thermodynamischem Gleichgewicht mit der FeO-Phase, verläuft die weitere Oxydation parabolisch.
Liegen Phasengrenzreaktionen und Diffusionsvorgänge nebeneinander als zeitbestimmende Faktoren vor, läßt sich formal das folgende Zeitgesetz anwenden, das das lineare und das parabolische Gesetz als Grenzfälle umfaßt (vgl. z. B. WAGNER [45]):

$$\frac{\Delta m}{q} \cdot \frac{1}{l''} + \left(\frac{\Delta m}{q}\right)^2 \cdot \frac{1}{k''} = t. \tag{2}$$

Dividiert man diese Gleichung durch $\Delta m/q$, erhält man eine lineare Beziehung zwischen $\frac{t}{\Delta m/q}$ und $\Delta m/q$:

$$\frac{t}{\Delta m/q} = \frac{1}{k''} \cdot (\Delta m/q) + \frac{1}{l''}. \tag{3}$$

Werden diese Werte gegeneinander aufgetragen, ergibt sich aus der Steigung der Geraden der reziproke Wert der parabolischen Zunderkonstante k'' und aus dem Schnittpunkt mit der Ordinatenachse der reziproke Wert der linearen Zunderkonstante l''.
Ein solches Gesetz wurde z. B. von WAGNER und GRÜNEWALD [46] trotz des sehr formalen Charakters mit einigem Erfolg – zumindest in einem bestimmten Druckbereich – bei der Ermittlung der Zunderkonstanten der Kupferoxydation eingesetzt.

In der Abb. 14 wird die Anwendbarkeit dieses Zeitgesetzes auf die hier vorliegenden Versuche von 0,7 bis 2,5 Torr geprüft. Jeweils alle 10 Minuten wurden die zugehörigen Meßwerte aufgetragen.
Man erkennt, daß sich die Werte nicht gut um eine Gerade ordnen lassen. Die Zunderkonstanten können – zumindest bei den höheren Drucken – schlecht auf diese Weise ermittelt werden.
Die für die ersten 20 bzw. 50 Minuten (0,7 bzw. 2,0 Torr) errechneten Werte ordnen sich in konkav gekrümmter Form an. Dadurch wird aber nur die parabelförmige Gestalt des ersten Kurvenabschnittes in der linearen Auftragung der Gewichtszunahme gegen die Zeit bestätigt. Bestimmt man die Steigung dieser Punktfolge und extrapoliert auf $x = 0$ (unendlich kleine Schichtdicke), erhält man zwar endliche Werte für l'', dafür bleibt aber der ganze weitere Kurvenverlauf unberücksichtigt. Mittelt man andererseits eine Gerade aus allen Werten aus, wie es hier geschehen ist, schneidet die extrapolierte Gerade des 2,0- und des 2,5-Torr-Versuches die y-Achse im negativen Bereich.
Um trotz des Fehlens einer eindeutigen Gesetzmäßigkeit die Größe der Oxydationsgeschwindigkeit in Abhängigkeit vom Sauerstoffdruck ausdrücken zu können, wurde der Kurvenverlauf in der linearen Auftragung in zwei Abschnitte zerlegt und die Steigung für die 0. bis 15. bzw. 30. bis 120. Minute bestimmt. Die so gewonnenen linearen Zunderkonstanten (Tab. V und VI) sind in Abb. 15 in Abhängigkeit vom Sauerstoffdruck in logarithmischer Darstellung aufgetragen worden. Die Versuche unterhalb 1 Torr wurden jeweils zweimal durchgeführt. Während dabei sowohl für die Versuche mit 0,25 Torr als auch für die mit 0,7 Torr die Zunderkonstanten weitgehend übereinstimmen, ergeben sich bei 0,5 Torr Unterschiede.
Durch Ausmittelung wird für die ersten 15 Minuten folgende Beziehung zwischen der Zunderkonstanten und dem Sauerstoffdruck gefunden:

$$l'' = \text{const} \cdot P_{O_2}^{1,70}. \tag{4}$$

Bei der Auftragung der Zunderkonstanten für das zweite Kurvenstück wird für den Bereich von 0,25 bis 1 Torr

$$l'' = \text{const} \cdot P_{O_2}^{1,40}. \tag{5}$$

gefunden. Die in diesem Zeitbereich praktisch gleiche Steigung der Geraden für die Versuche zwischen 1,0 und 2,5 Torr drückt sich in einer Parallelen zur Abszissenachse aus.

4. Erzeugung haftfester Oxydüberzüge auf schwach legiertem, kalt verformtem Blech

Nachdem ein allgemeiner Überblick über die Faktoren gewonnen worden ist, die die Haftfestigkeit des Zunders beeinflussen können, und besonders der Entstehungsbereich der reinen Wüstitphase festgelegt worden ist, soll versucht werden, alle diese Bedingungen an einem praktischen Beispiel anzuwenden.
Kaltgewalztes Tiefziehblech soll mit einer dichten und haftfesten Oxydschicht versehen werden.

Da die Behandlung gleichzeitig mit einem Entfestigungsglühen durchgeführt werden soll, ist ein Temperaturbereich von ca. 650 bis 1000° C und eine Behandlungszeit von maximal 15 Minuten vorgegeben.

4.1 Versuchsanordnung

Einem Ofen mit dem Reaktionsrohr ist ein absperrbarer Gasvorratsbehälter von 10 Liter Inhalt vorgeschaltet, der über ein Dosierventil mit getrocknetem reinem Flaschensauerstoff gefüllt werden kann. Das erforderliche Vakuum wird mit einer zweistufigen rotierenden Ölpumpe erzeugt.
Die zu behandelnde Probe wird in einem Körbchen aus zunderfestem Blech in die kalte Zone des Ofens eingesetzt. Das gesamte System wird auf ca. 10^{-2} Torr leergepumpt, der Gasvorratsbehälter abgesperrt und anschließend das Reaktionsrohr mit gereinigtem Stickstoff geflutet. Sobald am Manometer ein leichter Überdruck festzustellen ist, wird die Schlauchklemme geöffnet und das Körbchen unter strömendem Stickstoff in die temperaturkonstante Zone geschoben. Während der Aufheizzeit von 5 Minuten wird der Stickstoff wieder abgepumpt und gleichzeitig im Gasbehälter der gewünschte Sauerstoffdruck eingestellt. Durch Öffnen des Schnellschlußventils kann das gesamte System zu Versuchsbeginn sehr schnell unter den erforderlichen Sauerstoffdruck gesetzt werden.
Nach Beendigung der Oxydationsbehandlung wird das Probenkörbchen unter strömendem Stickstoff schnell in die kalte Ofenzone vorgezogen und kühlt dort ab. Wie Vorversuche zeigten, kann dabei ebenso wie beim Einführen der Probe keine Außenluft durch den engen Druckschlauch in das Reaktionsrohr eindringen, so daß eine vorzeitige oder nachträgliche Verzunderung der Probe vermieden wird.

4.2 Versuchsdurchführung

Das zu behandelnde Tiefziehblech wurde mit ca. 50% Querschnittsabnahme kaltgewalzt und weist im Anlieferungszustand eine vollkommen blanke und glatte Oberfläche auf. Es handelt sich bei diesem Material um eine unberuhigt vergossene verbesserte Thomasqualität mit folgender Analyse:

0,029% C	0,003% P
0,007% Si	0,026% S
0,30 % Mn	0,138% Cu
	0,006% N

Die Abmessungen des Blechbandes betrugen 110×0,5 mm, daraus wurden Proben von 60×30 mm geschnitten.

Es wurde folgendes Versuchsprogramm aufgestellt:

Bildungsbedingungen

Temperatur:	650 – 700 – 750 – 800 – 850 – 900 – 950 – 1000° C
Sauerstoffdruck:	0,5 – 1 – 10 Torr
Zeit:	½ – 1 – 5 – 10 min

Untersuchung der Eigenschaften

Zusammensetzung, Gewicht und Dicke der Oxydschicht, äußeres Aussehen, Oberflächenausbildung und Benetzbarkeit, Haftfestigkeit und Verformbarkeit, Korrosionsanfälligkeit.
Im Anschluß daran wurde der Einfluß verschiedener Aufheiz- und Abkühlungsbedingungen auf die Eigenschaften der Oxydschicht untersucht.

4.3 Versuchsergebnisse

4.31 Schichtgewicht und -zusammensetzung in Abhängigkeit von Glühtemperatur, Sauerstoffdruck und Behandlungszeit

Nach den Ergebnissen der Versuche über die Druckabhängigkeit der Eisenverzunderung zu urteilen, sind haftfeste, d. h. reine FeO-Schichten nur zu erwarten, wenn der angewendete Sauerstoffdruck bei einer Glühtemperatur von 950°C 0,5 Torr nicht übersteigt.
Es ist anzunehmen, daß sich der Wert nach der einen oder anderen Richtung hin leicht verschiebt, wenn Glühtemperatur und Materialzusammensetzung innerhalb gewisser Grenzen variiert werden. Auf der anderen Seite spricht manches dafür, daß die Druckabhängigkeit innerhalb kurzer Zeiten erst so wenig ausgeprägt ist, daß ihr Einfluß auf die Zusammensetzung und damit die Haftfähigkeit der Schicht gering ist.
Zur Klärung dieser Fragen soll eine Versuchsreihe dienen, bei der Proben 1 Minute lang unter einem Sauerstoffdruck von 10 Torr oxydiert wurden.

Tab. 2

Probe Nr.	Temperatur [°C]	p_{O_2} [Torr]	Dauer [min]	Auflagegewicht [mg/cm²]	Aussehen
1	650	10	1	0,57	grau mit ungleichmäßigem, abwischbarem, schwarzem, rußförmigem Belag
24	700	10	1	1,08	ungleichmäßiges Graublau
43	750	10	1	2,01	gleichmäßiger schwarzer Belag
51	800	10	1	3,23	gleichmäßiger schwarzer Belag
63	850	10	1	–	Zunder platzt ab, Probe biegt sich
67	900	10	1	–	Zunder platzt ab, Probe biegt sich
80	950	10	1	–	Zunder platzt ab, Probe biegt sich

Die Versuchsergebnisse (Tab. 2) zeigen einwandfrei, daß auch bei dieser kurzen Zeit der Einfluß des Sauerstoffdruckes nicht vernachlässigt werden kann. Es entsteht in jedem Fall ein mehrschichtiger Zunder, der für technische Zwecke nicht brauchbar ist.
Für die Durchführung der Versuche bei niedrigen Drucken ergeben sich zwei Möglichkeiten. Einmal wird der Druck laufend nachreguliert, die Oxydation erfolgt also unter konstantem Druck. Im anderen Fall wird im Gasbehälter ein Anfangsdruck eingestellt, der mit der Behandlungsdauer laufend abnimmt, d. h., es wird eine bestimmte Sauerstoffmenge vorgegeben. Der letztere Fall stellt eine für das Experiment sehr

bequeme Methode dar, Schichten von gleichbleibender Stärke zu erzeugen. Wird zum Beispiel im Gasbehälter ein Druck von 1 Torr eingestellt, so entspricht das bei einem Volumen von 10000 cm³ einer Sauerstoffmenge von 0,02 g. Bei einer Probenoberfläche von durchschnittlich 37 cm² ist somit eine Gewichtszunahme von maximal 0,5 mg/cm² möglich.

Tab. 3 Auflagegewicht in Abhängigkeit von den Versuchsbedingungen

P_{O_2} [Torr]	Zeit [min]	Auflagegewicht [mg/cm² · 10⁻¹] bei ... °C 650	700	750	800	850	900	950	1000
0,5*	½	0,9	0,5	1,0	1,1	0,7	0,8	0,9	1,0
0,5*	1	1,1	0,8	1,2	0,7	0,9	1,1	1,8	1,1
1,0*	½	2,4	2,1	2,3	2,0	2,0	1,5	2,2	2,2
1,0*	1	2,6	2,8	2,2	2,2	2,6	1,9	2,4	2,5
0,5**	1	2,3	3,4	3,5	2,3	3,0	5,1	4,8	3,4
0,5**	5	5,7	9,4	10,7	3,9	3,3	7,4	3,3	6,8
0,5**	10	7,9	12,9	14,0	3,0	3,4	4,8	4,2	5,0
1,0**	5	9,9	14,6	20,6	23,8	28,0	29,0	32,0	–
1,0**	10	12,8	20,2	32,2	24,3	33,0	37,0	37,0	–

* = Druck zu Versuchsbeginn ** = konstanter Druck

In der Tab. 3 sind die unter den verschiedensten Bedingungen durchschnittlich erhaltenen Auflagegewichte aufgeführt.
Es stellte sich heraus, daß bei höheren Temperaturen gebildete dünne Schichten am haftfestesten sind.
Die Zusammensetzung der unter den verschiedensten Oxydationsbedingungen erhaltenen Schichten wurde röntgenographisch ermittelt (Tab. 4).

Tab. 4 Röntgenfeinstrukturuntersuchung des Zunderaufbaues
FeK_α = 1,938 Å

Probe Nr.	Temperatur [°C]	P_{O_2} [Torr]	Dauer [min]	Auflagegewicht [mg/cm² · 10⁻¹]	Zusammensetzung
327	650	0,5	10	7,3	$FeO + Fe_3O_4 + Fe_2O_3$
326*	650	0,5	10	8,6	$FeO + Fe_3O_4 + Fe_2O_3$
337	700	0,5	10	11,8	$FeO + Fe_3O_4$
338*	700	0,5	10	14,0	$FeO + Fe_3O_4$
349*	750	0,5	10	14,7	FeO
232	750	1,3	5	22,4	FeO
240	800	1,0	5	26,3	FeO
247	850	0,5	5	4,5	FeO
258	900	0,5	5	9,3	FeO
270	950	0,5	5	3,9	FeO
308	1000	0,5	5	6,8	FeO
387*	950	1,0	1	3,8	FeO
302	950	2,5	1	15,3	FeO
391*	950	3,0	1	16,8	FeO

* = Zählrohraufnahme

Bei der im Hinblick auf eine Nutzbarmachung der Schichten besonders interessierenden Glühtemperatur von 950° C wurde noch untersucht, wie sich ein bis auf 3 Torr erhöhter Sauerstoffdruck auf die Zunderzusammensetzung auswirkt. Während bei 10 Torr auch nach kurzzeitiger Oxydation von 1 Minute abplatzender Mehrschichtenzunder entstand (Tab. 2), wurde in diesem Fall nur FeO gefunden. Damit soll nicht ausgeschlossen werden, daß auch Magnetit in geringen, nicht erfaßbaren Mengen gebildet wird.
Das Ergebnis bestätigt aber die bei Reineisen gemachte Beobachtung, daß sich die Schichtenfolge des mehrschichtigen Zunders erst allmählich ausbildet.

4.32 Metallographische Untersuchungen

Abb. 16 zeigt metallographische Anschliffe von Blechen, die 10 Minuten lang unter einem Sauerstoffdruck von 0,5 Torr oxydiert wurden. Die Proben wurden in polierten Stahlbacken gefaßt und zur Sichtbarmachung des Grundgefüges mit 3%iger Salpetersäure geätzt.
Auch ohne Anätzen der Zunderschicht erkennt man auf den Teilbildern a und b neben der breiten FeO-Schicht eine dünne hellere Schicht. Damit werden die Ergebnisse der Röntgenfeinstrukturanalyse bestätigt; bei Temperaturen unterhalb 700° C einschließlich tritt schon bei tieferen Sauerstoffdrucken Mehrschichtenzunder auf.
Die Oxydschichten sind kompakt und porenfrei. Spaltbildung wird in keinem Fall beobachtet.
Die Phasengrenze Grundmetall–Zunder erfährt mit steigender Temperatur eine rauhere Ausbildung. An der bei 950° C oxydierten Probe erkennt man deutlich eine bevorzugte Oxydation an den noch schwach sichtbaren alten Austenitkorngrenzen.
Die Ausbildung der Zunderoberfläche scheint in erster Linie von der Schichtdicke abzuhängen.
Die Rauhigkeit der Zunderoberfläche nimmt im allgemeinen mit steigender Schichtstärke zu.

4.33 Schichtdicke

Die theoretisch zu erwartende Schichtdicke an Wüstit $FeO_{(1+x)}$ kann aus der Gewichtszunahme (gebundener Sauerstoff/cm²) und aus dem spezifischen Gewicht des $FeO_{(1+x)}$ errechnet und mit dem Meßergebnis verglichen werden. Der Sauerstoffgehalt an der Phasengrenze FeO–Fe beträgt über einen weiten Temperaturbereich 23,26 Gew.-% O. Dieser, gegenüber den Verhältnissen in der Schicht, etwas zu kleine Wert kann als brauchbare Näherung für den mittleren O-Gehalt im Wüstit genommen werden. Somit beträgt die pro cm² gebildete $FeO_{(1+x)}$-Menge:

$$g_{FeO_{(1+x)}}/cm^2 = g_O/cm^2 \cdot \left(\frac{g_O + g_{Fe}}{g_O}\right) = \frac{g_O}{cm^2} \cdot \frac{100}{23,26};$$

$$g_{FeO_{(1+x)}}/cm^2 = 4,2992 \cdot (g_O/cm^2);$$

$$\text{Schichtdicke an } FeO_{(1+x)} \text{ (in cm)} = \frac{g_{FeO_{(1+x)}}/cm^2}{g_{FeO_{(1+x)}}/cm^3};$$

spezifisches Gewicht von $FeO_{(1+x)}$ [47]: $\varrho = 5,7$ (g/cm³);

$$\text{Schichtdicke } FeO_{(1+x)} \text{ (in cm)} = \frac{4,2992 \cdot (g_O/cm^2)}{5,7} = 0,75\ (g_O/cm^2);$$

$$\text{Schichtdicke in } \mu = 0,75 \cdot 10^4\ (g_O/cm^2) = 7,5 \cdot (mg\ O/cm^2).$$

Zur direkten Messung der Schichtdicke wurde das »Leptoskop« verwendet. Das Gerät, das in der Lack- und Galvanotechnischen Industrie Anwendung findet, arbeitet nach einem magnetischen Prinzip. Die beiden Pole eines Elektromagneten werden auf das Blech aufgesetzt und der Magnetisierungsstrom, der ein Maß für die Größe des Luftspaltes bzw. der unmagnetischen Deckschicht ist, gemessen. Dieses Meßverfahren ist mit einem um so größeren Fehler behaftet, je rauher die Oberfläche der zu messenden Schicht ist.
Ein Vergleich von Ergebnissen für 100 gemessene bzw. berechnete Schichtdickenwerte ergibt im Rahmen der Versuchsgenauigkeit Übereinstimmung. Zwar baut sich der Zunder mit zunehmender Schichtdicke lockerer auf, doch ist das magnetische Meßverfahren offenbar so lange brauchbar, wie die Schicht aus Wüstit besteht. Die genaueren Werte für die Zunderschichtdicke werden jedoch durch Ausmessen eines metallographischen Anschliffes ermittelt.

4.34 Oberflächenausbildung

4.341 Oberflächenstruktur

Schon aus der Färbung der Zunderschicht kann auf die ungefähre Bildungstemperatur geschlossen werden. Bei 650° C weist die Schicht eine glänzende, blaugraue Farbe auf, die bei 700° C ein mattes, stumpfes Aussehen bekommt. Ab 800° C entsteht ein dunkles Grau, das sich ungefähr von 900° C ab wieder aufhellt. Bei einer Entstehungstemperatur von 950 oder 1000° C hat der Zunder ein sammetartiges, hellgraues Aussehen.
Natürlich kann dies nur eine grobe Einstellung sein, da die Färbung bzw. das Aussehen der Probe von vielerlei Faktoren abhängt, besonders dem der Schichtstärke.
Die bei 1 Torr 1 Minute behandelte Probe weist bei 650° C einen ganz regellosen Zunder auf, nur schwach sind einzelne größere Körner angedeutet. Bei einer Bildungstemperatur von 800° C setzt sich die Zunderschicht aus einzelnen gleichmäßig geformten FeO-Schuppen zusammen. Bei 1000° C schließlich sind diese Schuppen größer und ausgeprägter geworden.
Der Zunderaufbau bei dünnen Schichten richtet sich nach dem Grundmaterial, d. h., daß es sich dabei um reine Epitaxieerscheinungen handelt. Bei 650° C war zu Beginn der Oxydation die Rekristallisation des Grundmaterials noch nicht abgeschlossen, daher der regellose Zunderaufbau. Das verschiedenartige Aussehen des Zunders bei 800 bzw. 1000° C ist darauf zurückzuführen, daß der Zunder einmal auf einem rekristallisierten Ferritgefüge, im anderen Fall auf einem etwas größeren γ-Gefüge aufgewachsen ist.

4.342 Rauhigkeit

Von Oxydüberzügen ist bekannt, daß sie ähnlich wie Phosphatschichten eine günstige Haftgrundlage für anschließende Lackierung abgeben [4, 48], und daß sie bei Werkzeugen gute Schmiermittelträger darstellen [6].
Diese Eigenschaften werden oft auf eine gewisse Porosität der Schicht zurückgeführt. Die in dieser Arbeit geprüften Zunderschliffe zeigen jedoch bei 1000facher Vergrößerung ausnahmslos dichte und keineswegs poröse Schichten. Dies wird auch durch Korrosionsversuche bestätigt. Es ist deshalb eher anzunehmen, daß die bessere Benetzbarkeit in erster Linie durch eine größere Rauhigkeit der Schicht hervorgerufen wird. Zur Prüfung dieses Sachverhaltes wurde zunächst die Oberflächenrauhigkeit in Abhängigkeit von den Bildungsbedingungen und anschließend das Ölaufnahmevermögen in Abhängigkeit von der Rauhigkeit untersucht.
Die Rauhigkeitsmessungen wurden mit dem »Perth-O-Meter« durchgeführt, einem absolut messenden elektronischen Längen-Feinstmeßgerät. Bestimmt wurde der arith-

metische Mittenrauhwert R_a in Mikro-inch. Die Dimension Mikro-inch wurde entsprechend der in der Feinblechindustrie häufig anzutreffenden Praxis gewählt. Auf beiden Seiten der Probe wurden jeweils 4 Messungen vorgenommen und daraus der Mittelwert gebildet.
Um die Abhängigkeit der Rauhigkeit von der Glühtemperatur darzustellen, wurden Proben untersucht, die 1 Minute lang unter einem Anfangsdruck von $5 \cdot 10^{-1}$ Torr behandelt und anschließend schnell abgekühlt worden waren. Aus der Auftragung in Abb. 17 geht hervor, daß bei den betrachteten dünnen Schichten der Einfluß der Bildungstemperatur auf die Rauhigkeit unbedeutend ist. Damit soll nicht ausgeschlossen werden, daß ein solcher Einfluß bei dickeren Schichten vorliegt.
Zur Darstellung der Abhängigkeit der Oberflächenrauhigkeit vom Auflagegewicht wurden Proben untersucht, die unter verschiedenen Bedingungen bei 950° C verzundert worden waren. Abb. 18 zeigt, daß eine ganz klare lineare Abhängigkeit besteht. Mit steigender Schichtstärke nimmt der Rauhigkeitswert zu.

4.343 Öladsorptionsvermögen

Zur Prüfung des Ölaufnahmevermögens wurden Proben mit unterschiedlicher Schichtstärke, deren Rauhigkeitswert ermittelt worden war, 3 Stunden lang in ein leichtflüssiges Spindelöl getaucht. Nach 120stündigem Abhängen wurden die noch an der Blechunterkante hängenden Tropfen vorsichtig mit Fließpapier beseitigt und die Gewichtszunahme festgestellt.
Obwohl dieses Verfahren natürlich verhältnismäßig stark mit Fehlern behaftet ist, ergibt sich doch eine sehr schöne geradlinige Abhängigkeit des Ölaufnahmevermögens von der Rauhigkeit (Abb. 19). Die verzunderte Probe mit einer Rauhigkeit von $R_a = 10\,\mu$in vermag nicht mehr Öl festzuhalten als die unverzunderten Proben mit $R_a = 3\,\mu$in. Es ist anzunehmen, daß der Beginn der gesteigerten Ölaufnahmefähigkeit eine Funktion der Oberflächenspannung des jeweiligen Benetzungsstoffes darstellt. Läßt man die Proben bis zu 380 Stunden abtropfen, wird der Kurvenzug ungefähr parallel zu tieferen Werten hin verschoben.

4.35 Haftfestigkeit

4.351 Biegeversuch

Zur Beurteilung der Haftfestigkeit der Schicht wurden oxydierte Blechproben 180° um einen Dorn von 10 mm Durchmesser gebogen und anschließend in eine 3%ige Kupfersulfatlösung getaucht. Die Zeit bis zum Auftreten eines Kupferniederschlages wurde gemessen und als Maß für die Zunderhaftfähigkeit genommen.
Aus der einfach logarithmischen Darstellung der Abb. 20 geht eine ganz klare Abhängigkeit der Haftfestigkeit von der Bildungstemperatur hervor. Mit steigender Temperatur nimmt die Haftfestigkeit stark zu, erreicht bei 950° C ihr Maximum und fällt bei höheren Temperaturen wieder ab.
Übersteigt das Auflagegewicht ca. 0,6 mg/cm², sinkt jedoch auch bei einer Glühtemperatur von 950° C das Widerstandsverhalten gegenüber der Kupfersulfatlösung stark ab. Man erkennt schon mit bloßem Auge feine Haarrisse im Zunder. Bei einem Schichtgewicht von mehr als 1,5 mg/cm² schließlich platzt der Zunder beim Biegen regelrecht ab.
Die aufgetragenen Werte stellen den Durchschnitt aus 6–8 Versuchen je Temperatur dar, bei denen Zeit und Druck variiert wurden und ein Auflagegewicht von 0,1 bis 0,5 mg/cm² erzielt wurde.

Der beobachtete starke Anstieg der Zunderhaftfestigkeit mit der Bildungstemperatur und das Maximum bei 950° C dürften auf das Zusammenwirken mehrerer Faktoren zurückzuführen sein:

1. Mit zunehmender Temperatur erfährt die Phasengrenze Metall–Zunder eine rauhere Ausbildung und bewirkt dadurch eine stärkere Verzahnung von Grundmaterial und Oxydschicht. Besonders deutlich wird das bei Temperaturen oberhalb der α-γ-Umwandlung.
2. Bildungs- und Abkühlungsspannungen verlaufen mit der Temperatur entgegengesetzt und bewirken so ein Maximum der Haftfestigkeit.

Die beim Abkühlen infolge unterschiedlicher Kontraktion von Metall und Zunder entstehenden Druckspannungen senkrecht zur Phasengrenze nehmen mit steigender Bildungstemperatur zu. Auf der anderen Seite weist der Wüstit bei hohen Temperaturen gewisse plastische Eigenschaften auf, die einen Abbau bzw. eine Verringerung der Bildungsspannungen ermöglichen.

Engell [16] beobachtete ein ähnliches Haftfestigkeitsmaximum bei Abreißversuchen an auf Reineisen gebildetem Dreischichtenzunder. Daß das Maximum hier schon bei 750° C auftrat, sollte auf die auch bei hohen Temperaturen ungenügende Plastizität der höheren Oxyde zurückzuführen sein.

4.352 Zugversuch

Bei dem im Vorhergehenden geschilderten Biegeversuch hatten sich dünne Wüstitschichten, die bei 950° C gebildet worden waren, am haftfestesten erwiesen.

Die Abb. 21a, b und c zeigen nun, wie sich derartige Schichten bei einachsiger Verformung verhalten.

Bleche mit den Abmessungen 30×110 mm wurden bei 950° C 1 Minute lang unter einem – entsprechend der größeren Probenoberfläche – auf ca. 1,2 Torr erhöhten Anfangsdruck oxydiert und einem normalen Ziehversuch unterworfen. Dabei wurde ein plastisches Fließen der ca. 2 μ dicken Oxydschicht nicht beobachtet. Erstaunlich ist aber die außerordentlich große Haftfestigkeit der Zunderschicht.

Bei 5%iger Dehnung (Abb. 21a) treten feine Risse senkrecht zur Verformungsrichtung auf, ein Abplatzen des Zunders ist dagegen auf der ganzen Probenoberfläche nicht festzustellen. Nach 10%iger Dehnung erkennt man im Bildausschnitt (Abb. 21b) entsprechend der 500fachen Vergrößerung auf 0,13 cm^2 im Durchschnitt ein abgerissenes Zunderteilchen.

Erst bei 20%iger Dehnung, bei der schon ein Einschnüren der Probe eintritt, wird ein stärkeres Abplatzen von Zunderteilchen unter dem Mikroskop festgestellt (Abb. 21c).

4.36 Korrosionsbeständigkeit

Die Korrosionsschutzwirkung bei 950° C gebildeter Oxydschichten wurde im Salzsprühversuch nach DIN 50907 untersucht.

Aus den Ergebnissen der Tab. 5 geht erwartungsgemäß hervor, daß die Korrosionsschutzwirkung mit steigender Schichtstärke zunimmt.

Ein guter Rostschutz kann aber auch bei dünnen und damit sehr haftfesten Oxydschichten erzielt werden, wenn durch langsames Abkühlen auf der FeO-Schicht nachträglich eine dünne Magnetitschicht gebildet wird. So zeigten Proben, die nach einem im nächsten Abschnitt noch näher beschriebenen Verfahren behandelt worden waren, nach 12 Stunden im Salzsprühversuch nur punktförmigen, sehr schwachen Rostansatz (Probe 392 und 393).

Tab. 5 Salzsprühversuch, NaCl 3%

Probe Nr.	Auflagegewicht [mg/cm²]	Zusammensetzung	Beurteilung nach 6 h	12 h	18 h
380	0,13	FeO	4	4	4
364	0,27	FeO	4	4	4
370	0,29	FeO	4	4	4
365	0,32	FeO	4	4	4
381	0,36	FeO	3	3	3
382	0,66	FeO	2	2	2
383	0,95	FeO	1	1	1
384	1,16	FeO	1	1	1
385	1,54	FeO	1	1	2
392	0,23	$FeO + Fe_3O_4$	2	2	3
393	0,23	$FeO + Fe_3O_4$	1	2	3

1 = keinerlei Angriff
2 = geringfügiger Angriff
3 = stärkerer Angriff
4 = starker Angriff
5 = verrostet

4.37 Einfluß verschiedener Aufheiz- und Abkühlungsbedingungen

Für eine wirtschaftliche Durchführung eines solchen Oxydationsverfahrens in der Praxis ist es nun wichtig, zu wissen, wie sich die Zundereigenschaften bei einer Änderung der Aufheiz- und Abkühlungsbedingungen verhalten.

Die Behandlungstemperatur ist einheitlich 950° C, das Auflagegewicht beträgt bei allen Proben 0,2–0,3 mg/cm².

Die Probe wird in 5 Minuten auf 950° C gebracht und nach kurzzeitiger Oxydation in einer bestimmten Sauerstoffmenge mit einem Anfangsdruck von 1 Torr unter strömendem Stickstoff abgekühlt. Gleiche Schichtstärke und Oberflächenausbildung wird erhalten, wenn unter niedrigem Sauerstoffdruck entsprechend länger geglüht wird.

Die relativ schnelle Abkühlung der Probe unter inerter Atmosphäre wurde gewählt, um die Ausbildung der Oxydschicht zu einem bestimmten Zeitpunkt exakt feststellen zu können. Die zunächst interessierende Frage ist, wie sich eine längere Abkühlungszeit unter unveränderter Oxydationsatmosphäre auswirkt. Der für die Fe_3O_4-Bildung interessante Temperaturbereich zwischen 570 und 300° C wurde in ca. 1 Minute durchlaufen. Während dieser Zeit bildet sich auf der bei 950° C entstandenen Wüstitschicht eine dünne Magnetitschicht aus, deren Gewicht im Durchschnitt 0,07 mg/cm² beträgt. Schon äußerlich unterscheidet sich eine so behandelte Probe von schnell abgekühlten und nicht nachoxydierten Proben durch ihre mehr sammetartige Oberfläche. Bei mikroskopischer Betrachtung wird der Unterschied noch deutlicher. Es entstehen regelmäßig geformte, rechtwinklige Zunderplättchen, die der Oberfläche ein sehr plastisches Aussehen geben. Die einzelnen Magnetitkristalle sind dabei um so größer, je höher der Sauerstoffdruck ist.

Dadurch, daß die Magnetitschicht erst nach vollständiger Ausbildung der FeO-Grundschicht entsteht, wird die Haftfestigkeit des Zunders nicht beeinträchtigt. Nach Biegen um 180° ergaben sich im Durchschnitt dieselben Widerstandswerte gegenüber Kupfersulfatlösung wie bei reinen Fe-O-Schichten.

Auf der anderen Seite weist dieser Zunder gegenüber einer reinen Wüstitschicht einige bedeutende Vorteile auf.

So wird vor allem die Beständigkeit gegenüber höheren Temperaturen verbessert, da die Magnetitschicht aus dem Wüstitzerfall herrührendes Eisen von der Oberfläche abschirmt. Nach kurzzeitigem Erhitzen auf 300°C konnte beim $CuSO_4$-Biegeversuch keine wesentliche Verschlechterung gegenüber einer nicht erneut geglühten Probe festgestellt werden. Weiterhin wird bei ungefähr gleicher Schichtstärke die Oberflächenrauhigkeit erhöht.

Bemerkenswert ist weiter die größere Schutzwirkung der Schicht gegenüber Korrosion (vgl. Tab. 5).

Zur Erzielung brauchbarer Ergebnisse muß das Blech auf jeden Fall in nichtoxydierender Atmosphäre aufgeheizt und rekristallisiert werden. Auf Blech, das unter einem Sauerstoffdruck von $5 \cdot 10^{-1}$ Torr aufgeheizt und oxydiert wurde, entsteht ein vollkommen uneinheitlich aufgebauter, fleckiger, grauschwarzer Zunder mit minimaler Haftfestigkeit.

Die ungleichmäßige Zunderausbildung ist dabei auf die bei Oxydationsbeginn erst einsetzende Rekristallisation des Bleches sowie auf das Nebeneinandervorliegen von FeO und Fe_3O_4 zurückzuführen. Es ist klar, daß ein derartig aufgebauter Zunder unter großen Spannungen steht und keine Haftfestigkeit aufweisen kann.

4.4 Erörterung der Versuchsergebnisse

Bei dem hier vorliegenden Beispiel eines kaltverformten schwach legierten Bleches ergeben sich für eine dichte und optimal haftfeste Oxydschicht folgende Bildungsbedingungen:

Temperatur:	$> A_3$, aber $< 1000°C$
Sauerstoffdruck:	< 1 Torr
Behandlungszeit:	je nach angewandtem Sauerstoffdruck
Auflagegewicht:	0,1–0,6 mg/cm^2
Aufheizen:	mindestens bis zur abgeschlossenen Rekristallisation unter nichtoxydierender Atmosphäre
Abkühlung:	weitgehend beliebig

In der Abb. 22 wird dargestellt, wie sich das Schichtgewicht bei der günstigsten Glühtemperatur von 950°C in Abhängigkeit von Sauerstoffdruck und Glühdauer verhält. Man erkennt, daß bei einem Sauerstoffdruck von 1 Torr die für die Haftfestigkeit wichtige Grenze von 0,5 mg/cm^2 schon nach kurzer Zeit überschritten wird. Auf der anderen Seite ist ein Druck von 0,2 Torr schon wieder zu niedrig, um innerhalb nicht zu langer Zeiten gleichmäßige und dichte Schichten zu erzielen. Dagegen erlaubt ein Sauerstoffdruck von 0,5 Torr leicht die Erzeugung einer reinen FeO-Schicht von bestimmter Schichtdicke.

Berücksichtigt werden muß dagegen bei einer praktischen Anwendung, daß die oben aufgeführten günstigsten Druck- und Zeitbedingungen strenggenommen nur für die hier beschriebene Versuchsanordnung mit praktisch stationärer Gasatmosphäre Gültigkeit haben.

Es ist dabei zu beachten, daß die bei einem Sauerstoffdruck von 0,5 Torr auch über längere Zeiträume beobachtete reine FeO-Bildung nicht auf einem thermodynamischen Gleichgewicht beruht, sondern kinetische Gründe hat.

So ist es durchaus denkbar, daß bei Vorliegen einer stärkeren Gasströmung schon bei niedrigerem Sauerstoffdruck Mehrschichtenzunderung auftritt.

5. Oxydations-Isolationsversuche an Elektroblechen, Problemstellung

Die Isolation von Dynamo- und Transformatorenblechen erfolgt heute allgemein durch Bekleben mit Papier, durch Lackieren mit Speziallacken oder durch eine Kombination der beiden Verfahren. In Deutschland hat sich vor allem die Papier-Wasserglasisolation durchgesetzt.

Von keinem der bekannten Verfahren werden jedoch alle Forderungen erfüllt, die an eine ideale Isolierschicht in qualitätsmäßiger und wirtschaftlicher Hinsicht zu stellen sind. So ist man seit langem bestrebt, eine Dynamoblechisolation zu finden, die bei gleichwertigem Isolationsvermögen und nicht höherem Preis wie die der Papier-Wasserglasisolation eine wesentlich geringere Schichtdicke erfordert, das heißt einen höheren Füllfaktor erlaubt und außerdem eine höhere Wärmebeständigkeit sowie geringere Feuchtigkeitsempfindlichkeit aufweist.

In diese Richtung zielt ein nach dem letzten Kriege in den USA entwickeltes und auch eine Zeitlang betriebenes Verfahren [49], durch Oxydation im Wasserdampf von 400 bis 500°C eine künstliche Isolationsschicht zu erzeugen. Dabei entsteht eine dünne Fe_3O_4-Schicht, die sehr gut haften soll und erst beim Biegen um 180° zerstört wird. Die Schichtdicke wird mit 5–7,5 μ angegeben, der Isolationswiderstand je Lamelle soll 20 Ω betragen (vgl. Divis [10]).

Schon wegen der stärkeren Abnutzung der Stanzwerkzeuge sollte eine solche Isolationsmethode vor allem dort Anwendung finden, wo die Bleche nach dem Stanzen zur Wiederherstellung der ursprünglichen Eigenschaften geglüht werden müssen, wie zum Beispiel bei hochwertigen Transformator- und Generatorenblechen sowie Dynamoblechsegmenten mit besonders schmaler und langer Zahnform. Neben einer geringeren Schichtdicke und einer höheren Temperatur- und Feuchtigkeitsbeständigkeit wird in diesem Fall zusätzlich eine Isolation der Schnittkanten erzielt.

Ziel des folgenden Teiles dieser Arbeit ist es, die Möglichkeit zu prüfen, gleiche oder bessere Isolationsschichten durch Oxydation in reinem Sauerstoff von bestimmtem Druck zu erzeugen.

Die Oxydationsgeschwindigkeit im Wasserdampf ist bei Eisen–Silizium-Legierungen ungleich stärker als in Luft oder Sauerstoff. Über die Abhängigkeit der Oxydationsgeschwindigkeit von Eisen–Silizium-Legierungen vom Sauerstoffdruck liegen bisher keine genaueren Ergebnisse vor. Es soll daher zunächst der Einfluß des Sauerstoffdruckes auf die Oxydation von Eisen–Silizium-Legierungen untersucht werden.

Im Anschluß hieran sollen einige praktische Isolationsversuche durchgeführt werden. Hierzu steht ein typisches warm gewalztes 1,5-Wv-Generatorblech mit 3% Silizium zur Verfügung. Bei den Untersuchungen soll darauf geachtet werden, daß sich eine derartige Oxydisolation in Verbindung mit einer Wärmebehandlung nach dem Stanzen durchführen läßt und daß dabei gleichzeitig die Schnittkanten isoliert werden. Dadurch ist im wesentlichen schon der Temperaturbereich von 800 bis 1000°C vorgegeben. Da Elektrobleche zur Vermeidung von Spannungen langsam abgekühlt werden sollen, ist jedoch eine kurzzeitige Oxydation auch bei niedrigeren Temperaturen denkbar.

6. Das Oxydationsverhalten von Eisen-Silizium-Legierungen bei 950° C in Abhängigkeit vom Sauerstoffdruck

Zunächst sollte ganz allgemein die Zunderkinetik von unter Vakuum erschmolzenen reinen Eisen–Silizium-Legierungen mit rd. 1,5; 2 und 3% Silizium in Abhängigkeit vom Sauerstoffdruck untersucht werden. Entsprechend den maximal üblichen Wärmebehandlungstemperaturen und um einen Anschluß an frühere Arbeiten zu gewinnen, wird als Oxydationstemperatur 950° C gewählt.

Nach dem von HANSEN und ANDERKO [50] unter Verwendung der Ergebnisse von CRANGLE [51] aufgestellten Zustandsschaubild Eisen–Silizium befinden sich bei dieser Temperatur die beiden höheren Legierungen im α-Gebiet, eine Legierung mit ca. 1,5% Silizium dagegen eventuell schon im abgeschnürten γ-Gebiet.

6.1 Zur Theorie der Oxydation von Eisen–Silizium-Legierungen

Die Theorie der Oxydation von Legierungen wurde von C. WAGNER in mehreren Arbeiten eingehend behandelt [45, 52]. Eine Zusammenfassung der Ergebnisse über das Oxydationsverhalten siliziumhaltiger Eisenlegierungen wird von KUBASCHEWSKI und HOPKINS [53] gegeben. Danach wird Silizium im Stahl bevorzugt oxydiert, scheint aber eine niedrige Diffusionsgeschwindigkeit innerhalb der Oxydschichten zu besitzen. Das führt zu einer Siliziumanreicherung in der innersten Oxydschicht, wo es größtenteils in Form von – nach PORTEVIN, PRETET und JOLIVET [54] brüchigen – Silikaten vorliegt. In den äußeren Zunderschichten tritt Silizium nicht auf.

Die Ausbildung von Schutzschichten auf hitzebeständigen Legierungen und dabei auftretende Besonderheiten sind eingehend von BANDEL [55] untersucht und beschrieben worden.

Neuere Untersuchungsergebnisse über die Verzunderung von reinen Eisen-Silizium-Legierungen in Sauerstoff sind von SCHMAHL, BAUMANN und SCHENCK [56] mitgeteilt worden.

6.2 Der Einfluß des Sauerstoffdruckes auf die Oxydation von Eisenlegierungen

Während über das Oxydationsverhalten von Metallen und Legierungen in Abhängigkeit von der Temperatur eine ganze Reihe von Untersuchungen vorliegen, wurde über die Oxydation von Eisenlegierungen in Abhängigkeit vom Sauerstoffdruck nur wenig bekannt.

So beschreiben zum Beispiel MCCULLOUGH, FONTANA und BECK [57] die Oxydation verschiedener Chrom- und Chrom-Nickelstähle in Stickstoff–Sauerstoff-Gemischen wechselnder Zusammensetzung bei verschiedenen Temperaturen, ohne jedoch auf den Oxydationsmechanismus näher einzugehen.

Von BRAUNS, RAHMEL und CHRISTMANN [58] wurde bei der Oxydation einer Eisen–Chrom-Legierung mit 5,7% Cr bei 680° C und 760 Torr Gesamtdruck ein Einfluß des Sauerstoffteildruckes auf die Anfangsoxydation festgestellt.

SEYBOLT und ALESSANDRINI [59] stellten Untersuchungen über die selektive Oxydation einer Eisen–Silizium-Legierung mit 3,13% Silizium im Bereich zwischen 400 und 1000° C an. Als variables Oxydationsmittel diente ein H_2O/H_2-Gemisch. Sie stellten fest:

1. Bildung eines dünnen Filmes amorpher Kieselsäure, nur wenige Å dick.
2. Amorphe Kieselsäure wandelt sich beim Dickerwerden der Schicht oder bei längerem Stehen zu hohem Cristobalit um.
3. Bei längerer Behandlung bei höherer Temperatur geht der hohe Cristobalit ganz oder teilweise in hohen Tridymit über.
4. Beim Abkühlen auf Raumtemperatur wandeln sich hoher Cristobalit und hoher Tridymit zu niedrigem Tridymit um.

In einer weiteren Arbeit untersuchte Seybolt [60] die Zunderkinetik dieser Legierung gravimetrisch in Abhängigkeit von der Probenvorbehandlung im Temperaturbereich von 800 bis 1000°C.
Interessanterweise wurde durch eine Erhöhung des Kohlenstoffgehaltes (0,023% gegenüber normalerweise 0,002%) die Oxydationsgeschwindigkeit bei 800°C wesentlich verringert.

6.3 Ergebnisse der Verzunderungsmessungen

6.31 Fe–1,63%-Si-Legierung mit 0,023% C, 3–695 Torr

In Abb. 23 wird das Oxydationsverhalten dieser Legierung in linearer Auftragung dargestellt.
Dem unterschiedlichen Kurvenverlauf entspricht das Aussehen der Probenoberfläche nach der Verzunderung. Nach zweistündiger Verzunderung bei 3 Torr haben sich auf der Probe im wesentlichen nur goldbraune Anlauffarben gebildet. An manchen Stellen liegt darüber ein grauer Eisenoxydschimmer, aus dem sich einzelne feine Zunderpilze zu formen beginnen.
Bei 12 Torr haben sich diese Pilze schon deutlich ausgeprägt. Mit weiter steigendem Druck wachsen sie immer mehr zusammen. Bei einem Druck von 87 Torr beginnen sich schon einzelne Zunderplatten zu lösen, während andere Stellen der Probe nach wie vor nur Anlauffarben mit wenigen Zunderpilzen aufweisen. Erst nach der Verzunderung bei 695 Torr ist die gesamte Probe mit einem leicht abblätternden grauen, auf der Unterseite schwarzen Zunder bedeckt.
Die Röntgenfeinstrukturanalyse des abgeblätterten Zunders ergab Fe_2O_3 und Fe_3O_4. Die nach Ablösen des oberflächlichen Zunders sichtbare, festhaftende, braungefärbte Unterschicht wurde als Fayalit (Fe_2SiO_4) bestimmt. FeO wurde nicht gefunden.
Der lineare Kurvenverlauf bei 3 Torr und bis zur 20. Minute auch bei 12 Torr entspricht der Ausbildung einer dünnen Schutzschicht. Der steile konkave Anstieg der Kurven bei höheren Drucken sollte den Durchbruch von Eisenzunderpilzen durch die Schutzschicht kennzeichnen.
Der zweite Kurventeil würde dann einer Vergrößerung dieser Zunderinseln und einem allmählichen Zusammenwachsen zu Flächen entsprechen.

6.32 Fe–1,92%-Si-Legierung mit 0,008% C, 3–695 Torr

Bei allen Versuchen an Proben dieser Legierung wird ein ähnliches Verhalten beobachtet (Abb. 24).
Auch im Aussehen gleichen sich die oxydierten Proben weitgehend. Nach den Versuchen bei 3 und bei 12 Torr sind lediglich goldbraune Anlauffarben entstanden, die die großen Kristalle des Grundgefüges mit einem Durchmesser von ca. 2 mm deutlich sichtbar werden lassen. Etwa von 90 Torr ab geht die Farbe mehr in ein Rotblau über,

hervorgerufen durch einen hauchdünnen grauen Eisenzunderüberzug. Das Grundgefüge der Probe bleibt weiterhin sichtbar. Kleine Zunderröschen treten nur ganz vereinzelt auf.
Sowohl bei der Probe des 3-Torr-Versuches als auch bei der unter einem Sauerstoffdruck von 695 Torr oxydierten Probe ergab die Röntgenfeinstrukturanalyse nur mehr oder weniger schwach ausgeprägte Fe_2O_3-Linien.

6.33 Fe–2,94%-Si-Legierung mit 0,028% C, 1–695 Torr

Da schon durch einen Zusatz von 1,9% Silizium die Oxydation des Eisens unter den gegebenen Versuchsbedingungen praktisch verhindert wird, sollte eine Erhöhung des Siliziumgehaltes auf annähernd 3% in diesem Temperaturbereich den Oxydationsverlauf nicht mehr wesentlich ändern. Wie aus der linearen Darstellung in Abb. 25 hervorgeht, entspricht auch tatsächlich die Gewichtszunahme der ersten 2,5 Minuten fast genau der der Legierung mit 1,92% Silizium. Mit einer Ausnahme ergeben sich um so höhere Werte, je größer der angewendete Sauerstoffdruck ist.
Die zwischen 3 und 92 Torr verzunderten Proben unterscheiden sich im Aussehen nur wenig. Auf einer rötlichgrauen Anlaufschicht finden sich feinverteilte Zunderpilze. Von einem Sauerstoffdruck von 160 Torr ab entstehen zusätzlich regelrechte Eisenzunderwülste entlang der Korngrenzen.
Der insgesamt geringen Zundermenge entsprechend konnte durch Röntgenfeinstrukturanalyse bei der unter 695 Torr oxydierten Probe nur ein Fe_2O_3-Anteil identifiziert werden.
Die Unterschiede im Zunderverhalten der drei Legierungen werden durch die Abb. 26 verdeutlicht.

6.34 Fe–2,82%-Si-Legierung mit 0,042% C, 1–695 Torr

Daß der verstärkte Durchbruch von Eisenzunder durch die Sperrschicht seine Ursache in dem relativ hohen Kohlenstoffgehalt der Legierung mit 2,94% Silizium hat, wird durch die Oxydationsversuche an einer weiteren Legierung bestätigt, bei der bei annähernd gleichem Siliziumgehalt der Kohlenstoffgehalt auf 0,04% erhöht wurde.
Bei weiter vorhandener starker Druckabhängigkeit wird die Oxydationsgeschwindigkeit erneut erhöht (Abb. 27).
Schon bei einem Sauerstoffdruck von 0,5 Torr durchbricht Eisenzunder in größeren Anteilen die Deckschicht. Im Gegensatz zu der Legierung mit 1,63% Silizium bilden sich jedoch keine »Röschen«, der Zunder ordnet sich mehr streifenförmig an. Mit zunehmendem Sauerstoffdruck bedecken sich immer größere Teile der Probe mit Eisenzunder, bis bei 400 Torr die ursprüngliche Anlaufschicht nur noch schwach durchschimmert. Auch bei einem Druck von 695 Torr wird jedoch die Zunderschicht nicht so dicht, daß es zu einem Abblättern kommt.
Bei der Röntgenfeinstrukturuntersuchung des festhaftenden Zunders der unter einem Sauerstoffdruck von 695 Torr oxydierten Probe traten die Linien des Fe_2O_3 und sehr viel weniger stark ausgeprägt auch die des Fe_3O_4 auf.

6.35 Generatorblech mit 3,1% Si und 0,01% C, 2–745 Torr

Als weitere Legierung mit einem Siliziumgehalt von annähernd 3% wurde ein Generatorblech untersucht, das neben 3,1% Silizium 0,01% Kohlenstoff sowie 0,063% Mangan enthielt. Es ist nicht anzunehmen, daß sich der geringe Mangangehalt auf die

Oxydation in irgendeiner Weise stärker auswirkt. Da außerdem das Grundgefüge nach Korngröße und -gestalt weitgehend dem Gußgefüge der reinen Eisen–Silizium-Legierungen entspricht, sollten die Ergebnisse durchaus mit den an reinen Legierungen erhaltenen verglichen werden können.
Die Ergebnisse zeigen, daß die Gewichtszunahme–Zeit-Kurven qualitativ und quantitativ weitgehend mit den Kurven übereinstimmen, die an einer reinen Legierung mit 1,92% Silizium und Kohlenstoffgehalt ähnlich wie oben erhalten wurden.
Entsprechend der ähnlichen Zunderkinetik zeigen die Bleche nach der Oxydation in Abhängigkeit vom Druck eine ähnliche Oberflächenfärbung wie die Proben der Legierung mit 1,92% Silizium. Auch hier wird keine Röschenbildung beobachtet.

6.4 Erörterung der Versuchsergebnisse

Auf Grund der vorliegenden Versuchsergebnisse werden je nach Siliziumgehalt und Kohlenstoffreinheit der Legierung verschiedene Typen im Zunderverhalten unterschieden.
1. Bei einer praktisch reinen binären Legierung mit 1,63% Silizium bildet sich bei 950°C in schwach oxydierender Atmosphäre eine Schutzschicht aus, die eine weitere Oxydation des Metalls innerhalb des untersuchten Zeitraumes von 2 Stunden wirkungsvoll hemmt. Wegen der geringen Stärke dieser Schicht gelang es nicht, sie mit Hilfe der normalen Röntgenfeinstrukturanalysen-Methoden zu identifizieren. In Übereinstimmung mit anderen Verfassern [56, 61] kann jedoch mit großer Wahrscheinlichkeit angenommen werden, daß es sich hierbei um eine SiO_2-Schicht handelt. Bei Erhöhung des Sauerstoffdruckes der Gasphase wird nach einer gewissen Zeit diese Schutzschicht an einigen Stellen von Eisenzunder durchbrochen. Es bilden sich »Zunderröschen«. Dabei wird eine echte Druckabhängigkeit beobachtet. Mit steigendem Sauerstoffdruck wird der Zeitpunkt des Durchschlagens der Schutzschicht zu kürzeren Zeiten hin verschoben, Ausmaß und Zahl der Eisenzunderdurchbrüche erhöht.
Bei einem Sauerstoffdruck von annähernd 1 atm schließlich wird schon nach rd. 10 Minuten ein nahezu parabolischer Verlauf beobachtet. Es entsteht ein zusammenhängender, lockerer Eisenzunder, der vom Metall zur Gasphase folgende Schichtenfolge aufweist: Fayalit/Magnetit/Hämatit.
Dabei überwiegt der Hämatitanteil.
Die Diffusionsgeschwindigkeit des Siliziums im α-Mischkristall ist konzentrationsabhängig und nimmt nach Fitzer [62] mit fallendem Siliziumgehalt stark ab. In Übereinstimmung mit Überlegungen von Schmahl, Baumann und Schenck [56] ist deshalb anzunehmen, daß bei Bildung einer Kieselsäureschicht die Metalloberfläche sehr schnell an Silizium verarmt und ein immer größer werdender Bereich von γ-Mischkristallen entsteht. Infolge der im γ-Mischkristall weiter erniedrigten Diffusionsgeschwindigkeit des Siliziums kann sich nur eine dünne SiO_2-Schicht ausbilden. An bevorzugten Stellen gelingt es Eisenionen, durch die Schutzschicht zu diffundieren und an der äußeren Phasengrenze mit dem Sauerstoff zu reagieren. Es bildet sich Dreischichtenzunder aus, wobei sich der Wüstit anschließend mit der Kieselsäure zu Fayalit umsetzt. Mit zunehmendem Sauerstoffdruck überwiegt die Diffusion der Eisenionen die Bildung von Kieselsäure in immer stärkerem Maße, so daß die Schutzschicht schließlich ganz verschwindet.
2. Bei Siliziumgehalten von ungefähr 2–3% wird je nach Kohlenstoffreinheit der Legierung druckunabhängiges Oxydationsverhalten beobachtet.
Bei kohlenstofffreien Legierungen liegt nur in den allerersten Augenblicken der Oxydation Druckabhängigkeit vor. Sobald sich eine kompakte Schutzschicht gebildet hat,

verläuft die weitere Oxydation nach einem linearen Gesetz. Die absolute Gewichtszunahme ist innerhalb der angegebenen Grenzen weitgehend unabhängig vom Legierungsgehalt.
Daß auch nach Ausbildung der Schutzschicht weiter eine – wenn auch geringfügige – Gewichtszunahme beobachtet wird, zeigt, daß die Diffusion von Eisen an die äußere Phasengrenze auch bei einer dichten Schutzschicht nicht völlig unterbunden werden kann. Im Gegensatz zu Legierungen mit geringerem Siliziumgehalt überwiegt aber die Diffusion des Siliziums, so daß die Kieselsäureschicht an diesen Stellen nicht verschwindet bzw. sich sofort wieder neu bilden kann. Im Laufe der Oxydation wird sich so an der Probenoberfläche eine dünne, zusammenhängende Fe_2O_3-Schicht ausbilden, ohne daß die Kieselsäureschicht ihre Schutzwirkung verliert.
Leicht erhöhter, absolut gesehen aber immer noch geringer Kohlenstoffgehalt führt bei den gleichen Legierungsgehalten wieder zu einer deutlichen Druckabhängigkeit im Oxydationsverhalten. Zum Unterschied von der unter 1. beschriebenen Oxydation einer Legierung mit 1,63% Silizium entfällt aber hier die anfängliche Ausbildung einer *geschlossenen* Schutzschicht. Auch bei niedrigem Sauerstoffdruck setzt sofort eine etwas anders geartete Röschenbildung ein, besonders entlang der Korngrenzen. Andererseits entsteht auch nach zweistündiger Oxydation unter einem Sauerstoffdruck von 695 Torr keine zusammenhängende Zunderschicht.
Über den Mechanismus der entkohlenden Wirkung einer oxydierenden Glühbehandlung herrscht noch keine völlige Klarheit. Trotzdem ist stark zu vermuten, daß das beobachtete druckabhängige Oxydationsverhalten höher silizierter Eisenlegierungen mit geringfügigem Kohlenstoffgehalt auf die Entwicklung von Kohlenmonoxyd zurückzuführen ist.
Aus dem Kurvenverlauf und aus der Ausbildung der Probenoberfläche nach der Oxydation zu schließen, wird der in Lösung befindliche Kohlenstoff bevorzugt entlang der Korngrenzen an die Oberfläche diffundieren und an den Austrittsstellen die Ausbildung einer Schutzschicht gemäß

$$C + SiO_2 = SiO + CO$$

unterbinden. Dadurch wird in diesem Bereich Eisenzunderbildung ermöglicht.
Es ist nicht ausgeschlossen, daß sich mit fortschreitender Versuchsdauer die SiO_2-Schutzschicht immer mehr schließen kann, und daß die weitere Oxydation dann in ähnlicher Weise wie bei den kohlenstofffreien Legierungen verläuft.

7. Isolationsversuche

7.1 Warmgewalztes Generatorblech

Auf Grund der eingangs geschilderten Bedingungen sollte eine Oxydisolation in der Regel nur bei höher silizierten Qualitäten Anwendung finden.
Als typisches Beispiel hierfür wurde ein warmgewalztes 1,5-Wv-Generatorblech mit folgender chemischen Zusammensetzung gewählt: 3,1% Silizium, 0,011% Kohlenstoff und 0,063% Mangan. Im Anlieferungszustand weist das Blech schon eine rissige, fest eingewalzte dünne Zunderschicht auf, die sich nach einer Röntgenfeinstrukturanalyse aus Fe_2SiO_4 und FeO zusammensetzt.

Eine solche Schicht ist schon bis zu einem gewissen Grade nicht leitend, für eine praktische Verwendung ist der Isolationswiderstand (0,2–0,5 Ω/cm^2) jedoch zu gering.
Wird das Blech dagegen nach dem Stanzen noch einer Glühung in oxydierender Atmosphäre unterworfen, sollte sich, von den eingewalzten Zunderteilchen ausgehend, eine je nach Oxydationsbedingungen mehr oder weniger kompakte Zunderschicht ausbilden. Die schon vorhandenen Oxydteilchen wirken dabei wie Keime, die sich allmählich vergrößern und zusammenwachsen. Die Geschwindigkeit und das Ausmaß dieses Vorganges wird dabei in erster Linie von der Glühtemperatur abhängen.
Abb. 28 zeigt die an derartigen Blechen bei 950° C und verschiedenen Sauerstoffdrucken aufgenommenen Gewichtszunahme–Zeit-Kurven. Die Proben wurden aus Blechband gestanzt und unter folgenden Bedingungen oxydiert:

Temperatur:	650 – 750 – 850 – 950° C
Sauerstoffdruck:	10 Torr
Glühdauer:	1, 5, 15, 30 und 60 min

Anschließend wurde an diesen Proben geprüft:
Zunderausbildung und Haftfestigkeit, Auflagegewicht, Schichtdicke sowie Flächenwiderstand und Durchschlagsfestigkeit.

7.11 *Zunderausbildung*

Durch die erneute Oxydationsbehandlung bekommt die Probe bei 650° C einen rötlich schimmernden grauen Farbton. Mit steigender Temperatur geht dieser in ein helleres Grau über. Bei einer Oxydationstemperatur von 950° C beginnt die hellgraue Zunderschicht leicht abzublättern, darunter wird eine braunrote festhaftende Schicht sichtbar. Bei einer Zählrohraufnahme der gesamten Zunderschicht konnte nur Fe_2O_3 nachgewiesen werden. Die Zunderschichten der bei Temperaturen unterhalb 950° C behandelten Proben haften oberflächlich gesehen gut. Nach Biegen um einen engen Radius läßt sich jedoch das Oxyd zum Teil abreiben. Mit einer derartigen Biegebeanspruchung braucht allerdings in der Praxis im allgemeinen nicht gerechnet zu werden.
Die Schnittkanten der Blechproben zeigten nach allen Versuchen mehr oder weniger nur Anlaufschichten.

7.12 *Schichtdicke*

Die Schichtdickenmessung erfolgt mit dem schon beschriebenen »Leptoskop« sowie dem ebenfalls auf einem magnetischen Prinzip beruhenden »Mikrotest«. Beide Meßgeräte führten zu praktisch gleichen Ergebnissen. Je nach Auflagegewicht lagen die gemessenen Werte zwischen ca. 0 und 10 μ. Wegen der rauhen Oberfläche des Grundmaterials können diese Werte jedoch nur als ungefährer Anhalt dienen.

7.13 *Flächenwiderstand und Durchschlagsfestigkeit*

Der Flächenwiderstand und die Durchschlagsfestigkeit gegenüber einer angelegten Wechselspannung wurden bei 1 cm^2 Elektrodenfläche und einem Anpreßdruck von 1 kp bestimmt. Aus der Darstellung in Abb. 29 geht hervor, daß die Durchschlagsfestigkeit in hohem Maße vom Schichtgewicht der Probe abhängt. Abb. 30 zeigt dieses wiederum in Abhängigkeit von Bildungstemperatur und Behandlungszeit.

Bei 750°C liegt die mittlere Durchschlagsfestigkeit zwischen 2 und 47 Volt, bei 950°C je nach Behandlungsdauer zwischen 4 und 145 Volt. Ein Versuch mit zweistündiger Glühdauer ergab sogar eine Durchschlagsfestigkeit von mehr als 230 Volt.

7.14 Erörterung

Die auf 1 cm Länge induzierte Spannung kann bei großen elektrischen Maschinen bis zu 1,2 Volt betragen. Bei Betrachtung der durch ein nachträgliches oxydierendes Glühen erzielten Durchschlagsfestigkeit erscheint ein solcher Wert nicht hoch. Auf der anderen Seite muß beachtet werden, daß die Bleche im Paket unter einem Anpreßdruck von etwa 7 bis 12 kg/cm^2 stehen, die gemessenen Werte also bei einer praktischen Verwendung tiefer anzusetzen sind.
Bei einer Papier–Wasserglas-Isolation rechnet man mit einer Durchschlagsfestigkeit von ungefähr 200 $Volt/cm^2$ bei einer Schichtdicke von ca. 30 μ.
Bei Anwendung eines Oxydations-Isolationsverfahrens muß deshalb von Fall zu Fall geklärt werden, wieweit dieser gar nicht ausgenutzte hohe Isolationswiderstand zugunsten vor allem einer geringeren Schichtdicke und damit eines höheren Füllfaktors vermindert werden kann.
Die zur Erzielung einer bestimmten Isolierschicht erforderlichen Glühbedingungen werden sich natürlich immer nach dem Oberflächenzustand des Bleches richten. Deshalb kann lediglich die grundsätzliche Anwendbarkeit einer solchen Oxydations-Isolationsbehandlung festgestellt werden.

7.2 Generatorblech mit zunderfreier Oberfläche

Zwar wird nach wie vor der größte Teil der Elektrobleche warmgewalzt, das Bestreben geht jedoch zu immer glatteren Oberflächen, so daß der Anteil der kaltgewalzten Bleche immer mehr ansteigt.
Es war ferner einleitend gesagt worden, daß ein großer Vorteil einer Oxydisolation in der sonst nur schlecht möglichen Bedeckung der Schnittkanten liegen müßte. Die Schnittkanten eines warmgewalzten Bleches werden sich aber gegenüber einer Oxydation ähnlich wie ein kaltgewalztes Blech verhalten.
Die Untersuchungen über die Sauerstoffdruck-Abhängigkeit der Oxydbildung zeigten, daß bei Legierungsgehalten von 2% Silizium und mehr auch nach zweistündiger Oxydation bei 950°C nur außerordentlich dünne Oxydschichten entstehen. Die absolute Stärke dieser Schichten kann dabei weniger durch die Glühdauer als durch den Sauerstoffdruck beeinflußt werden.
Im folgenden soll geprüft werden, ob sich derartige Schichten für Isolationszwecke eignen, und inwieweit sich andere Glühtemperaturen auf die Eigenschaften dieser Schichten auswirken.
Proben des gleichen, schon im Walzzustand untersuchten Bleches mit 3,1% Silizium wurden bis zur Körnung 320 geschliffen und unter folgenden Bedingungen oxydiert:

1.

Temperatur:	400 – 500 – 600 – 700 – 800 – 900 – 1000°C
Sauerstoffdruck:	2 und 400 Torr
Glühdauer:	15 min

2.

Temperatur:	550 – 650 – 750 – 850 – 950 – 1000°C
Sauerstoffdruck:	2 und 400 Torr
Glühdauer:	120 min

7.21 Versuchsergebnisse

Eine 15 Minuten lange Oxydation unter einem Sauerstoffdruck von 2 Torr führt bei Temperaturen zwischen 400 und 1000°C nur zu dünnen Anlaufschichten.
Bei einer Bildungstemperatur von 400°C ist die Farbe dieser Schicht leuchtend blau, bei 500 und 600°C mehr rötlich. Bei 700°C läuft die Probe dagegen nur ganz schwach braun an. Mit weiter bis auf 1000°C steigender Temperatur wird die Schicht wieder stärker und der braune Farbton intensiver.
Erhöhung des Sauerstoffdruckes auf 400 Torr ändert das Bild bei Temperaturen unterhalb 800°C nicht wesentlich. Etwa von 800°C an wird auf der Oberfläche ein grauer Schimmer sichtbar, wodurch die Farbe dichter wird. Bei 1000°C schließlich entsteht eine regelrechte graue Zunderschicht. Der elektrische Widerstand dieser Schicht ist praktisch unendlich groß, die Durchschlagsfestigkeit beträgt mehr als 100 Volt. Die mechanische Festigkeit der Schicht ist jedoch unzureichend, bei geringfügigem Biegen der Probe platzt der Zunder vollständig ab. Die kaum meßbare dünne Schicht der bei tieferen Temperaturen oxydierten Proben ist relativ haftfest, der Isolationswiderstand schwankt jedoch stark. An manchen äußerlich gleichmäßigen und einheitlichen Proben wurden Widerstände zwischen 0 und praktisch Unendlich gemessen. Infolgedessen zeigen derartige Bleche auch keinerlei meßbare Durchschlagsfestigkeit.
Nach zweistündiger Oxydation und bei etwas anderer Temperaturstaffelung wird bei einem Sauerstoffdruck von 2 Torr ein ganz ähnliches Bild erhalten.
Andere Verhältnisse liegen vor, wenn in einer Sauerstoffatmosphäre mit einem Druck von 400 Torr geglüht wird. Bei diesen Versuchen entstand bei Temperaturen zwischen 550 und 750°C eine dünne aber kompakte, gleichmäßig graue Schicht mit hohem Isolationswiderstand und guter Durchschlagsfestigkeit.
Bei höheren Glühtemperaturen war die Schicht ungleichmäßiger und besonders bei 850 und 950°C mehr braun gefärbt.
Bei 1000°C begann der Zunder abzublättern. Die elektrischen Eigenschaften waren jedoch weiterhin gut. An der bei 1000°C oxydierten Probe wurde eine mittlere Durchschlagsfestigkeit von 125 Volt festgestellt.
Von den beiden im Aussehen ähnlichen Proben, die bei 650°C und 400 Torr 120 Minuten lang bzw. 1000°C und 400 Torr 15 Minuten lang oxydiert worden waren, wurden Röntgenaufnahmen angefertigt. In beiden Fällen wurde nur Fe_2O_3 gefunden. Eine Identifizierung der unter anderen Glühbedingungen entstandenen blauen oder roten Anlaufschichten war nicht möglich. Die Schichten waren so dünn, daß nur die Eisenlinien auftraten.

7.22 Erörterung

Aus den vorliegenden Beobachtungen kann geschlossen werden, daß eine ausreichende Isolierwirkung nur erzielt werden kann, wenn es zur Ausbildung einer geschlossenen, wenn auch dünnen Eisenzunderschicht kommt.
Bei der Bildung einer derartigen Schicht spielen viele Faktoren eine Rolle, besonders auch Fragen der Keimbildung. Eine Angabe genauerer Bildungsbedingungen auf Grund der vorliegenden Versuchsergebnisse ist deshalb nicht möglich. Grundsätzlich kann jedoch festgestellt werden, daß die Ausbildung einer isolierenden Fe_2O_3-Schicht begünstigt wird durch hohen Sauerstoffdruck und eine besonders bei tieferen Temperaturen längere Behandlungszeit.
Bei warmgewalzten, ungebeizten Blechen kann die Schichtbildung nur wenig durch den Sauerstoffdruck oder die Glühdauer beeinflußt werden. Trotzdem müssen diese

beiden Faktoren auch in einem solchen Fall berücksichtigt werden, um eine Isolierung der Stanzkanten zu erzielen.
Die Stärke der Schicht beträgt unter den vorliegenden Bedingungen maximal 10 μ (je Einzelblech also 20 μ) und ermöglicht damit einen guten Füllfaktor.
Eine Haftfestigkeit der Schicht, wie sie beispielsweise bei unlegierten Blechen erzielt werden konnte, wird in keinem Fall erreicht. Gemessen an den in der Praxis vorliegenden Beanspruchungen sollten jedoch bei nicht zu hohen Temperaturen gebildete Schichten eine ausreichende Festigkeit aufweisen.

8. Zusammenfassung

Es wurden Untersuchungen über die technische Nutzbarkeit von Oxydschichten angestellt, die durch Oxydation in reinem Sauerstoff von bestimmtem Druck bei höheren Temperaturen gebildet werden.
Voraussetzung dazu war eine genauere Kenntnis des Einflusses des Sauerstoffdruckes auf die Oxydation der betrachteten Werkstoffe. Der Nachdruck wurde dabei auf die mehr grundlegenden Untersuchungen gelegt.
Die Sauerstoffdruckabhängigkeit der Eisenverzunderung bei 950° C wurde zwischen 0,2 und 695 Torr untersucht. Dabei wurden drei Bereiche mit verschiedener Zundergesetzmäßigkeit unterschieden. Je nach Sauerstoffdruck wurde Ein-, Zwei- oder Dreischichtenzunderbildung beobachtet. Im Gegensatz zu bisherigen Anschauungen wurde über den gesamten Druckbereich eine mehr oder weniger starke Abhängigkeit der Oxydationsgeschwindigkeit vom Sauerstoffdruck festgestellt, wenn auch die von Schmahl, Baumann und Schenck [29] im parabolischen Bereich gefundene ausgeprägte lineare Beziehung zwischen Sauerstoffdruck und Zunderkonstante in diesem Umfange nicht bestätigt werden konnte.
Zunderhaftfestigkeit ist erfahrungsgemäß vor allem bei dünnen einphasigen Schichten zu erwarten. Es gelang, gut haftende FeO-Schichten auf tiefziehfähigem Blech zu erzeugen, sofern bestimmte Bildungsbedingungen eingehalten wurden. Die Schichten lassen sich in Verbindung mit einer Wärmebehandlung des Grundmaterials erzeugen und weisen Eigenschaften auf, die sie für bestimmte technische Verwendungszwecke geeignet erscheinen lassen.
Anschließend an Untersuchungen an unter Vakuum erschmolzenen Eisen–Silizium-Legierungen wurde versucht, isolierende Oxydschichten auf Generatorblech zu erzeugen. Maßgebender Gedanke war dabei, Nachteile der bisherigen Isolationsverfahren wie schlechter Füllfaktor, Feuchtigkeitsempfindlichkeit usw. zu vermeiden.
Es konnten grundsätzliche Möglichkeiten aufgezeigt werden, gut isolierende dünne Oxydschichten zu erzeugen. Als nachteilig erwies sich dagegen die oft ungenügende mechanische Festigkeit der Schicht. Wie außerdem gezeigt werden konnte, hängt die Ausbildung der Oxydschichten bei Eisen–Silizium-Legierungen von so vielen Faktoren ab, zum Beispiel dem des Reinheitsgrades des Materials, daß die Reproduzierbarkeit der Ergebnisse bei einer technischen Anwendung wahrscheinlich Schwierigkeiten bereiten würde.

Anhang

Literaturverzeichnis

[1] Gmelin, Handbuch d. Anorg. Chemie, Eisen, Teil B, S. 43, Berlin 1932.
[2] Klas, H., Die Korrosion des Eisens, S. 312, Düsseldorf 1956.
[3] Spencer, F., Metal Finishing (1960), 62.
[4] Meiswinkel, H., Diss., TH Aachen 1953.
[5] Beljakova, T. N., und N. A. Saganelidse, Avtomobil'naja promyšlennost (1959), Nr. 10, 38/39.
[6] Swann, B. R., Metal Treatment Drop Forging 21 (1954), 168–172.
[7] Spangler, F. L., Mater. and Meth. 29 (1949), Nr. 5, 56–58.
[8] Szeki, P., Acta techn. Acad. Sci. hung. 25 (1959), 317–375.
[9] Drinberg, A. Ya., und E. S. Gurevich, Technology of Non-Metallic Coating, S. 123, Pergamon Press 1960.
[10] Divis, K., Elektrotechnik 9 (1955), Nr. 3, 94/95.
[11] Diels, K., Berg- u. Hüttenm. Monatshefte 100 (1955), 201–207.
[12] Felgel-Farnholz, O., H. Sida und W. Scheibe, Berg- u. Hüttenm. Monatshefte 100 (1955), 250–257.
[13] Baumann, H., und F. Krall, Stahl Eisen 80 (1960), 1337/1338.
[14] Tylecote, R. F., J. Iron Steel Inst. 195 (1960), 380–385.
[15] Pilling, N. B., und R. E. Bedworth, J. Inst. Metals 29 (1923), 529.
[16] Engell, H.-J., Werkstoffe u. Korrosion 11 (1960), Nr. 3, 147–151.
[17] Paidassi, J., Acta met. 4 (1956), 227–229.
[18] Tylecote, R. F., J. Iron Steel Inst. 196 (1960), 135–141.
[19] Evans, U. R., Symposium on Internal Stresses in Metals and Alloys, S. 295–310, London 1948, Institute of Metals.
[20] Griffiths, R., J. Iron Steel Inst. 130 (1934), 377–384.
[21] Schottky, W., Z. Elektrochem. 63 (1959), 784.
[22] Mackenzie, J. D., und C. E. Birchenall, Corrosion 13 (1957), 783–785.
[23] Gulyaev, V. N., Zavods. Lab. 14 (1958), Nr. 10, 1245/1246 (nach Tylecote [16] zitiert).
[24] Hessenbruch, W., Metalle und Legierungen für hohe Temperaturen, Bd. 1, S. 12ff., Berlin 1940.
[25] Wagner, C., Z. phys. Chem. 32 (1936), 447–462.
[26] Hauffe, K., Oxydation von Metallen und Legierungen, Berlin–Göttingen–Heidelberg 1956.
[27] Hauffe, K., und H. Pfeiffer, Z. Metallkde. 44 (1953), 27–36.
[28] Pfeiffer, H., und C. Laubmeyer, Z. Elektrochem. 59 (1955), 579–583.
[29] Schmahl, N. G., H. Baumann und H. Schenck, Arch. Eisenhüttenwesen 29 (1958), 147–152.
[30] Rahmel, A., und H.-J. Engell, Arch. Eisenhüttenwesen 30 (1959), 743–746.
[31] Pettit, F., R. Yinger und J. B. Wagner jr., Acta metallurg. 8 (1960), 647–681.
[32] Smeltzer, W. W., Trans. AIME 218 (1960), 674–681.
[33] Koch, H.-J., Diss., TU Berlin 1961.
[34] Schmahl, N. G., H. Baumann und H. Schenck, Arch. Eisenhüttenwesen 27 (1956), 707–713.
[35] Pfeil, L. B., J. Iron Steel Inst. 119 (1929), 501–560.
[36] Schmahl, N. G., H. Baumann und H. Schenck, Arch. Eisenhüttenwesen 29 (1958), 41–46.
[37] Ruppersberg, H., 2. These, Univ. Saarbrücken 1960.
[38] Engell, H.-J., und F. Wever, Acta metallurg. 5 (1957), 695–702.
[39] Cagnet, M., und J. Moreau, Acta metallurg. 7 (1959), 427–429.
[40] Gulbransen, E. A., und K. F. Andrew, J. electrochem. Soc. 104 (1957), 451.
[41] Gulbransen, E. A., und K. F. Andrew, J. electrochem. Soc. 105 (1958), 363.

[42] JUENKER, D. M., R. A. MEUSSNER und C. F. BIRCHENALL, Corr. Houston 14 (1958), 39–46.
[43] DVIES, M. H., M. T. SIMNAD und C. E. BIRCHENALL, J. Metals, Trans. 4 (1952), 536–540.
[44] SCHMAHL, N. G., H. BAUMANN und H. SCHENCK, Arch. Eisenhüttenwesen 29 (1958), 83–88.
[45] WAGNER, C., Handbuch der Metallphysik, Chem. Reaktionen d. Metalle, S. 139ff., Leipzig 1940.
[46] WAGNER, C., und K. GRÜNEWALD, Z. phys. Chem. (B) 40 (1938), 455–475.
[47] D'ANS, J., und E. LAX, Taschenbuch für Chemiker und Physiker, S. 228, Berlin–Göttingen–Heidelberg 1949.
[48] KETTERL, H., Metalloberfläche 3 (1949), Nr. 3, 72/73.
[49] SCHMIDT, P. L., Mater. a. Meth. 29 (1949), 54–56.
[50] HANSEN, M., und K. ANDERKO, Constituion of binary alloys, New York–Toronto–London 1958.
[51] CRANGLE, J., Brit. J. appl. Phys. 5 (1954), 151–154.
[52] WAGNER, C., Z. Elektrochem. 63 (1959), 772–782.
[53] KUBASCHEWSKI, O., und B. E. Hopkins, Oxidation of metals and alloys, London 1953.
[54] PORTEVIN, A., E. PRETET und H. JOLIVET, Rev. Metall. 31 (1934), 219.
[55] BANDEL, G., Arch. Eisenhüttenwesen 15 (1941/42), 271–284.
[56] SCHMAHL, N. G., H. BAUMANN und H. SCHENCK, Arch. Eisenhüttenwesen 30 (1959), 267–273, und 30 (1959), 415/416.
[57] MCCULLOUGH, H. M., M. G. FONTANA und F. H. BECK, Trans. Amer. Soc. Met. 43 (1951), 404–420.
[58] BRAUNS, E., A. RAHMEL und H. CHRISTMANN, Arch. Eisenhüttenwesen 30 (1959), 553–564.
[59] SEYBOLT, A. U., und E. J. ALESSANDRINI, Trans. metallurg. AIME 212 (1958), 507–509.
[60] SEYBOLT, A. U., Trans. Metallurg. AIME 215 (1959), 756–759.
[61] FAST, J. D., und H. A. C. M. BRUNING, Z. Elektrochem. 63 (1959), 765–770.
[62] FITZER, E., Z. Metallkde. 44 (1953), 462–472.

Tabellen

Tab. I Chemische Zusammensetzung des untersuchten Eisens

Material	C	Si	Mn	P	S	Al	Cr	Cu	N	O	H
Elektrolyteisen	0,002	0,001	0,001	0,002	0,052	0,0001	0,0003	0,001			
Reineisen I	0,003	0,007	0,003	0,005	0,005	0,002	0,004	0,01	0,0015	0,010	2–3 cm^3/100 g
Reineisen II	0,007	0,004	0,007	0,004	0,008	0,002	0,004	0,01	0,0020	0,014	2–3 cm^3/100 g
Reineisen III	0,004	0,008	0,004	0,004	0,007	0,002	0,004	0,01	0,0015	0,010	2–3 cm^3/100 g
Fe–0,54% Mn	0,004	0,008	0,54	0,004	0,007	0,002	0,004	0,01	0,0015	0,010	2–3 cm^3/100 g

Tab. II Zunderkonstanten für Elektrolyteisen

p_{O_2} [Torr]	k'' [$g^2 \cdot cm^{-4} \cdot min^{-1}$]	lg k''
10	$3{,}403 \cdot 10^{-5}$	—4,468
40	$3{,}577 \cdot 10^{-5}$	—4,447
100	$3{,}610 \cdot 10^{-5}$	—4,443
150	$3{,}732 \cdot 10^{-5}$	—4,428
200	$3{,}786 \cdot 10^{-5}$	—4,422
300	$3{,}908 \cdot 10^{-5}$	—4,408
400	$3{,}869 \cdot 10^{-5}$	—4,412
500	$3{,}809 \cdot 10^{-5}$	—4,419
695	$3{,}703 \cdot 10^{-5}$	—4,431

Tab. III Zunderkonstanten für Fe-0,54% Mn

p_{O_2} [Torr]	k'' [$g^2 \cdot cm^{-4} \cdot min^{-1}$]	lg k''
6	$3{,}202 \cdot 10^{-5}$	—4,495
10	$3{,}149 \cdot 10^{-5}$	—4,502
50	$3{,}448 \cdot 10^{-5}$	—4,462
100	$3{,}713 \cdot 10^{-5}$	—4,407
200	$3{,}922 \cdot 10^{-5}$	—4,407
395	$3{,}329 \cdot 10^{-5}$	—4,478

Tab. IV Zunderkonstanten für Reineisen

p_{O_2} [Torr]	k'' [$g^2 \cdot cm^{-4} \cdot min^{-1}$]	lg k''
10	$3{,}403 \cdot 10^{-5}$	—4,468
40	$3{,}577 \cdot 10^{-5}$	—4,447
100	$3{,}610 \cdot 10^{-5}$	—4,443
150	$3{,}732 \cdot 10^{-5}$	—4,428
200	$3{,}786 \cdot 10^{-5}$	—4,422
300	$3{,}908 \cdot 10^{-5}$	—4,408
400	$3{,}869 \cdot 10^{-5}$	—4,412
500	$3{,}809 \cdot 10^{-5}$	—4,419
695	$3{,}703 \cdot 10^{-5}$	—4,431

Tab. V Zunderkonstanten l'' für Reineisen
950° C, 0. bis 15. Minute

p_{O_2} [Torr]	l'' [$g \cdot cm^{-2} \cdot min^{-1}$]	lg l''
$1{,}5 \cdot 10^{-1}$	$2{,}59 \cdot 10^{-5}$	—4,59
$1{,}5 \cdot 10^{-1}$	$3{,}00 \cdot 10^{-5}$	—4,52
$5{,}0 \cdot 10^{-1}$	$4{,}09 \cdot 10^{-5}$	—4,39
$5{,}0 \cdot 10^{-1}$	$8{,}52 \cdot 10^{-5}$	—4,07
$7{,}0 \cdot 10^{-1}$	$1{,}63 \cdot 10^{-4}$	—3,79
$7{,}0 \cdot 10^{-1}$	$1{,}68 \cdot 10^{-4}$	—3,77
1,0	$4{,}14 \cdot 10^{-4}$	—3,38
1,5	$4{,}52 \cdot 10^{-4}$	—3,34
2,0	$7{,}20 \cdot 10^{-4}$	—3,14
2,5	$5{,}94 \cdot 10^{-4}$	—3,24

Tab. VI Zunderkonstanten l'' für Reineisen
950° C, 30. bzw. 50. bis 120. Minute

p_{O_2} [Torr]	l'' [$g \cdot cm^{-2} \cdot min^{-1}$]	lg l''
$2{,}5 \cdot 10^{-1}$	$1{,}71 \cdot 10^{-5}$	—4,82
$2{,}5 \cdot 10^{-1}$	$1{,}71 \cdot 10^{-5}$	—4,82
$5{,}0 \cdot 10^{-1}$	$2{,}71 \cdot 10^{-5}$	—4,57
$5{,}0 \cdot 10^{-1}$	$4{,}20 \cdot 10^{-5}$	—4,38
$7{,}0 \cdot 10^{-1}$	$7{,}14 \cdot 10^{-5}$	—4,15
1,0 — 2,5	$9{,}71 \cdot 10^{-5}$	—4,01

Abbildungen

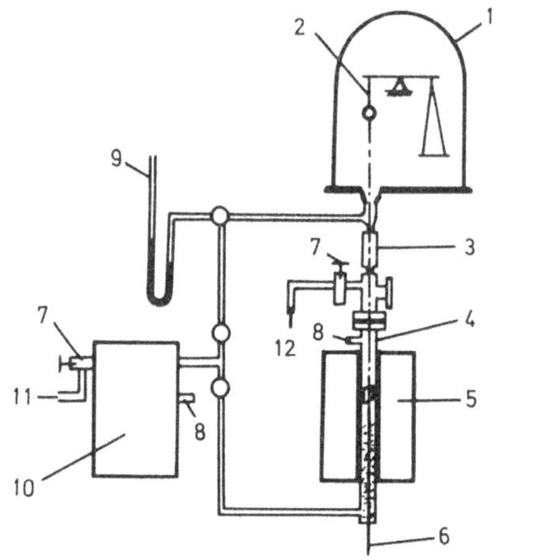

1. Vakuumwaage
2. Probenaufzug mit Motor
3. Druckschlauch
4. Reaktionsrohr
5. Ofen
6. Thermoelement
7. Ventil
8. Druckmeßröhre
9. Manometer
10. Gasbehälter
11. Gaseinlaß
12. Anschluß zur Vakuumpumpe

Abb. 1 Schematische Darstellung der Versuchsapparatur

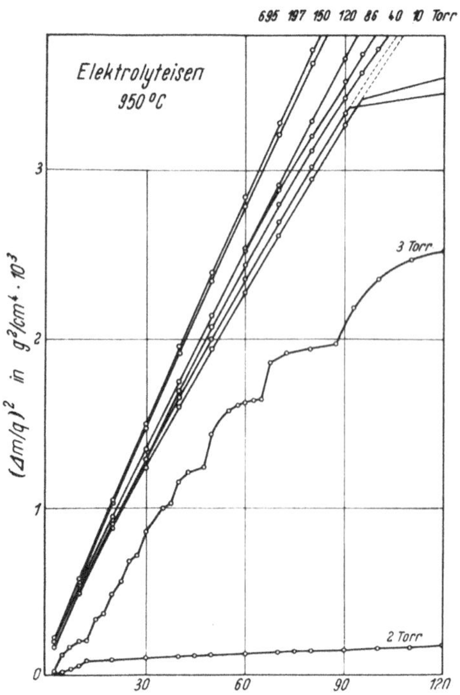

Abb. 2 Oxydationsverlauf von Elektrolyteisen bei 950° C in Abhängigkeit vom Sauerstoffdruck

Abb. 3
Elektrolyteisen 950° C, 2 h
$P_{O_2} = 2$ Torr

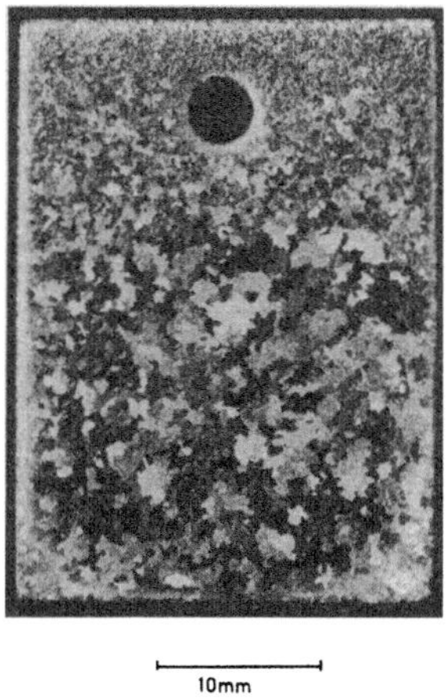

Abb. 4
$P_{O_2} = 3$ Torr

Abb. 5
Elektrolyteisen, 950° C, 2 h
$P_{O_2} = 10$ Torr

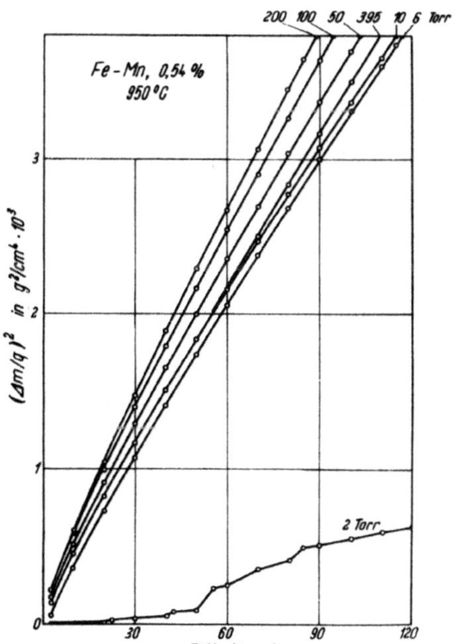

Abb. 6 Oxydationsverlauf einer Eisen–Mangan-Legierung bei 950° C in Abhängigkeit vom Sauerstoffdruck

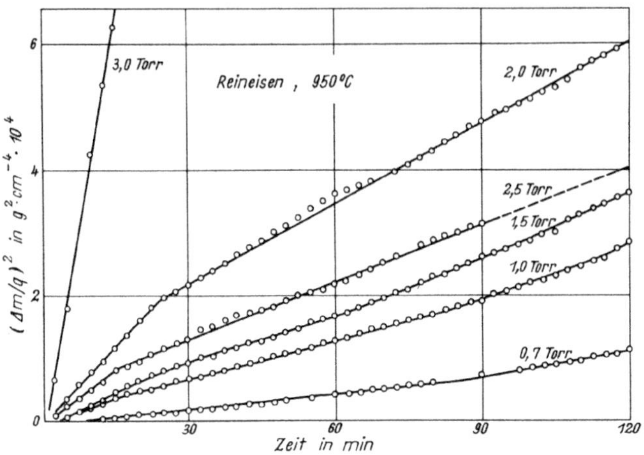

Abb. 7 Einfluß der Einwirkungsdauer auf die Verzunderung von Elektrolyteisen

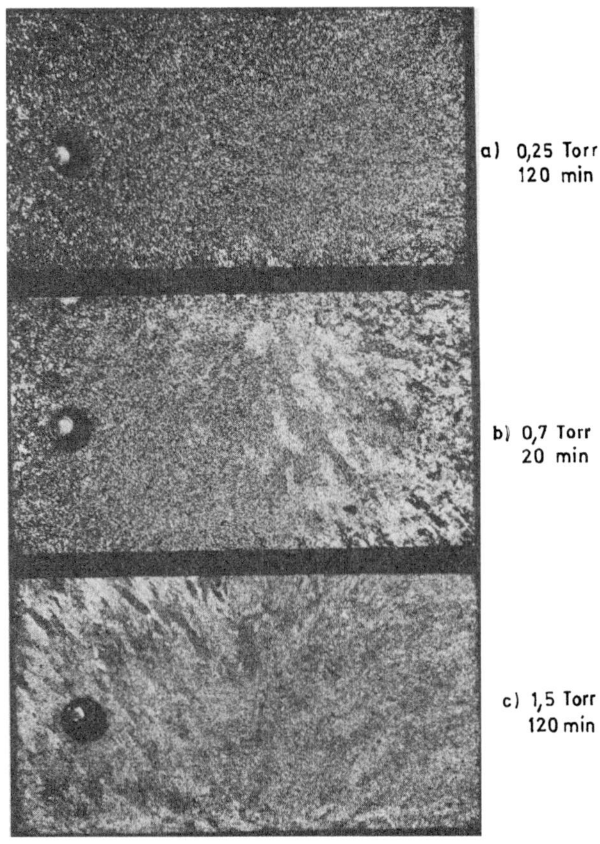

Abb. 8 Oxydation von Reineisen, 950° C und $P_{O_2} = 2$ Torr

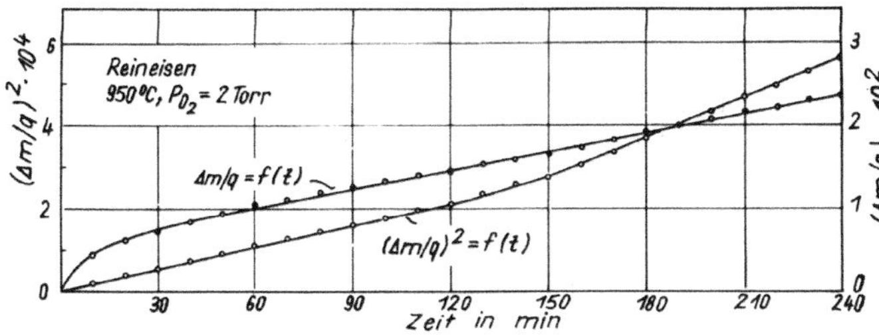

Abb. 9 Bei 950° C verzundertes Reineisen

a) 0,25 Torr
120 min

b) 0,7 Torr
20 min

c) 1,5 Torr
120 min

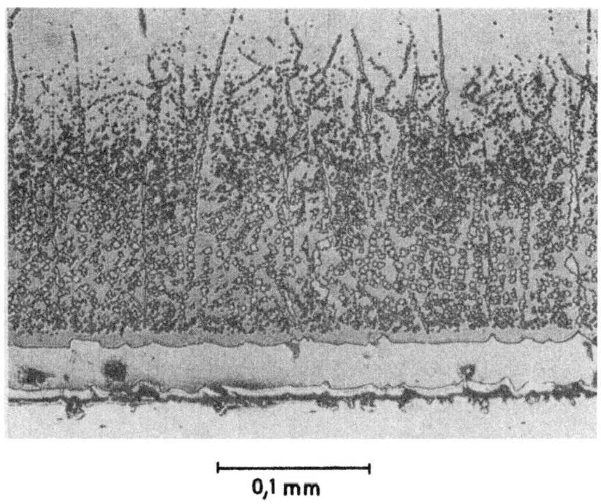

Abb. 10 Reineisen, 950° C, 2 h, P_{O_2} = 3 Torr, HCl 3%

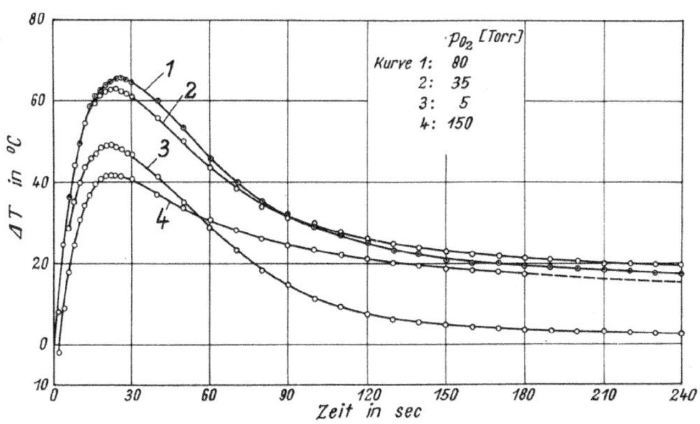

Abb. 11 Übertemperaturen, gemessen bei 920° C

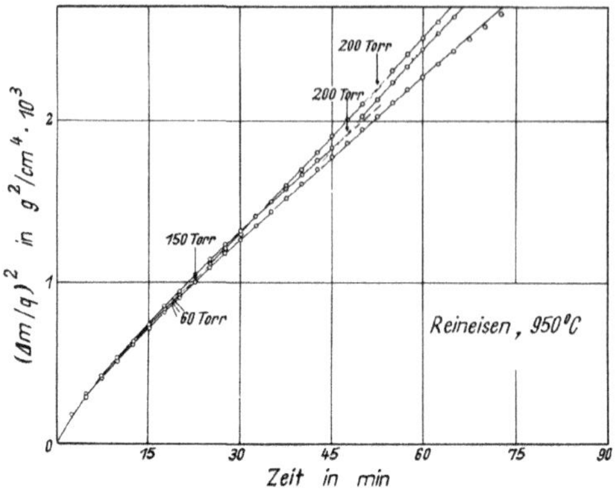

Abb. 12 Der zeitliche Verlauf von Gewichtszunahme von Reineisen bei Änderung des Sauerstoffdruckes während des Versuches

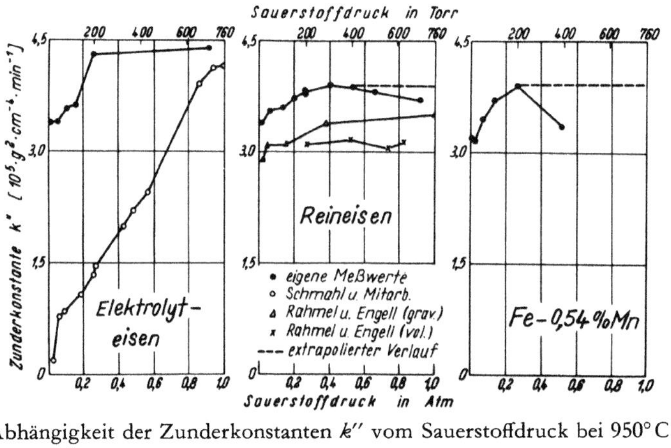

Abb. 13 Abhängigkeit der Zunderkonstanten k'' vom Sauerstoffdruck bei 950° C

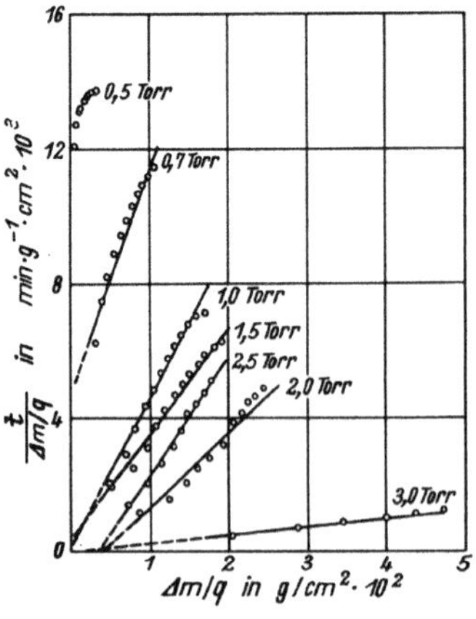

Abb. 14
Formales Zundergesetz zur Bestimmung von l'' und k''

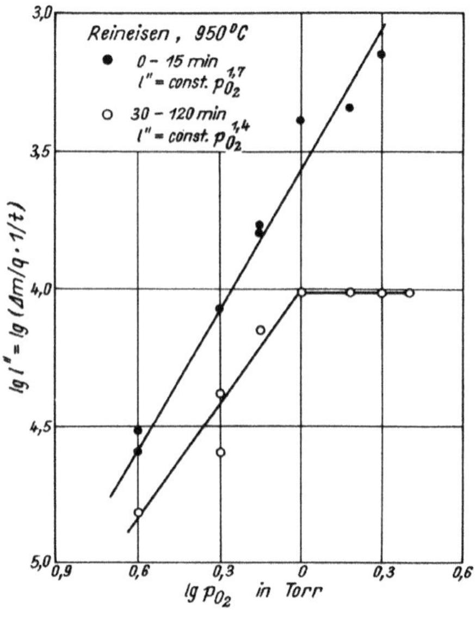

Abb. 15
Abhängigkeit der Zunderkonstanten vom Sauerstoffdruck in logarithmischer Darstellung

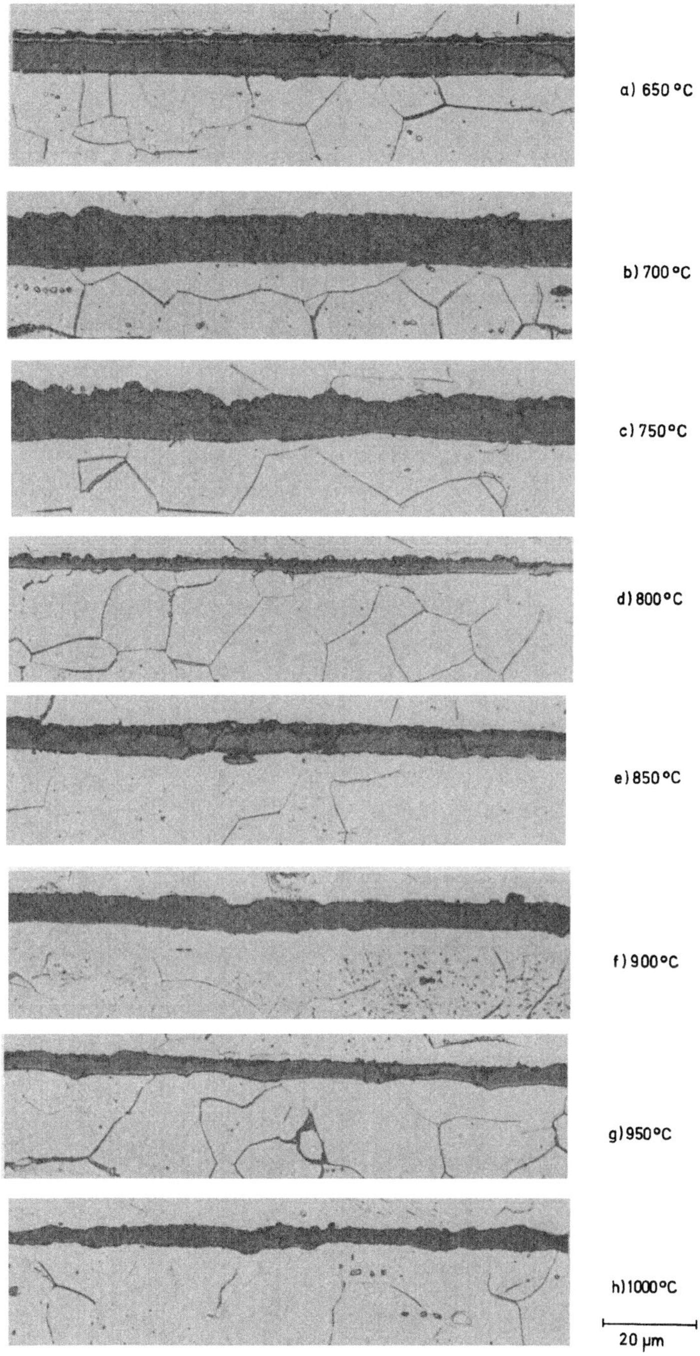

Abb. 16 Behandlungsdauer 10 min, Druck 0,5 Torr, HNO_3 3%

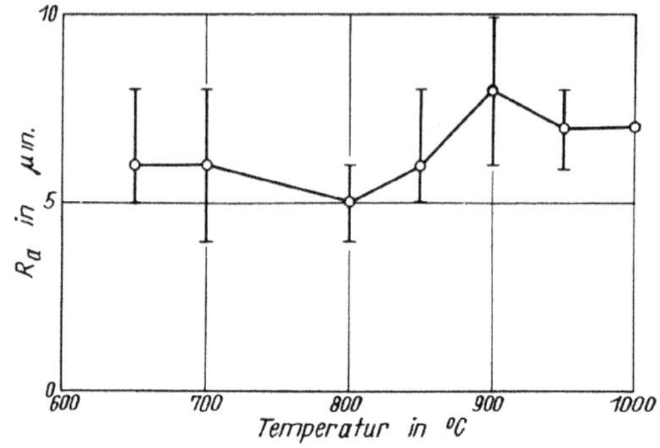

Abb. 17
Rauhigkeit der Oxidschicht in Abhängigkeit von der Bildungstemperatur

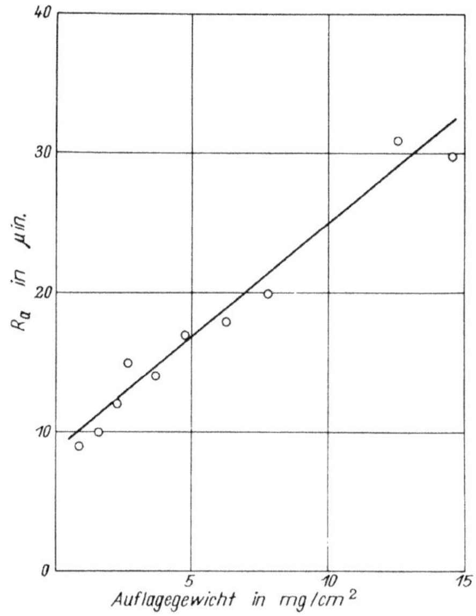

Abb. 18
Rauhigkeit in Abhängigkeit von der Stärke der Oxidschicht

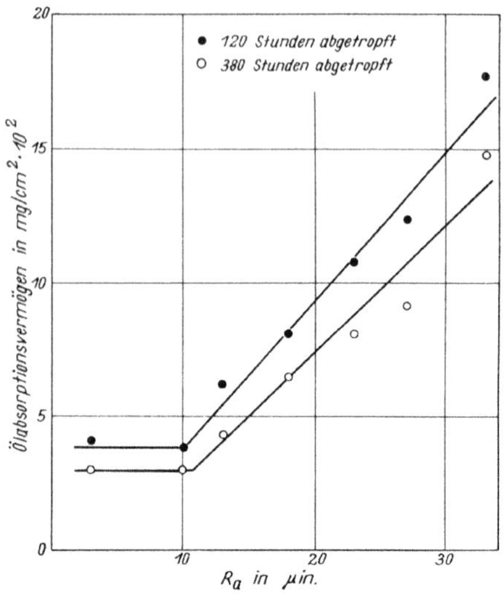

Abb. 19
Öladsorptionsvermögen in Abhängigkeit von der Rauhigkeit der Oxidschicht

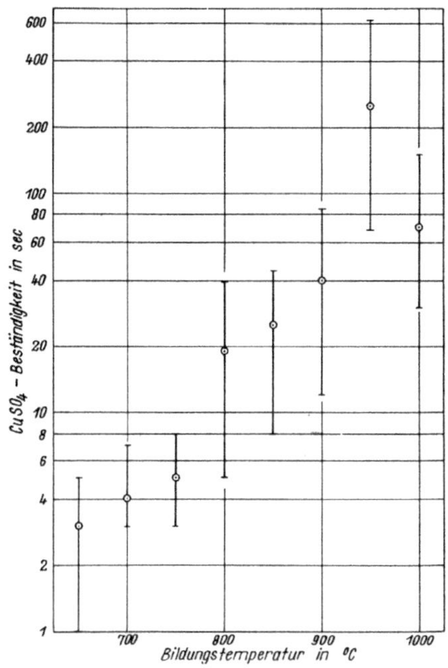

Abb. 20 Einfluß der Bildungstemperatur auf die Beständigkeit der Oxidschicht auf unlegiertem Stahl in Kupfersulfatlösung nach einem Biegen der Probe um 180°

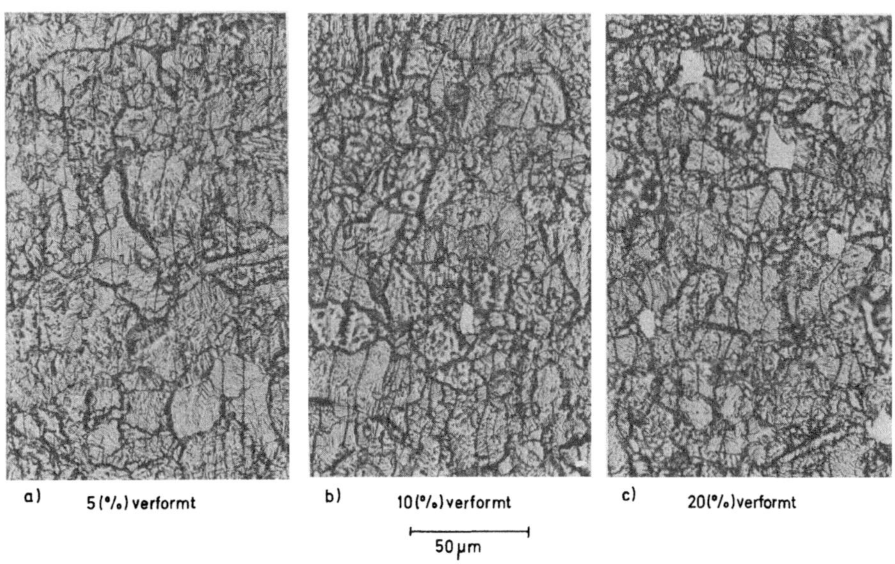

Abb. 21 Einfluß einer plastischen Verformung auf die Haftfestigkeit der Oxidschicht auf unlegiertem Stahl
a) 5% verformt b) 10% verformt c) 20% verformt

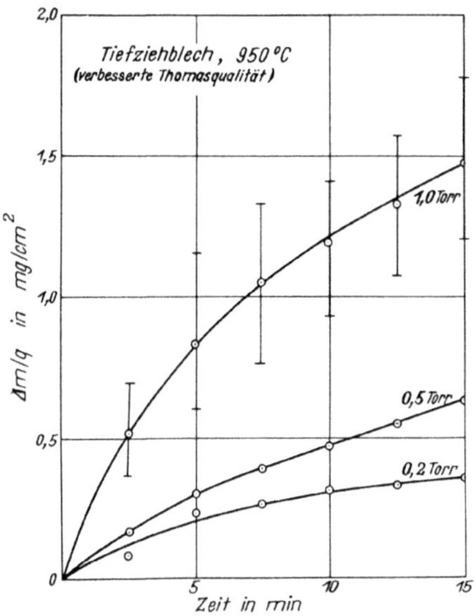

Abb. 22
Einfluß des Sauerstoffdruckes und der Glühdauer auf die Gewichtszunahme von unlegiertem Stahl

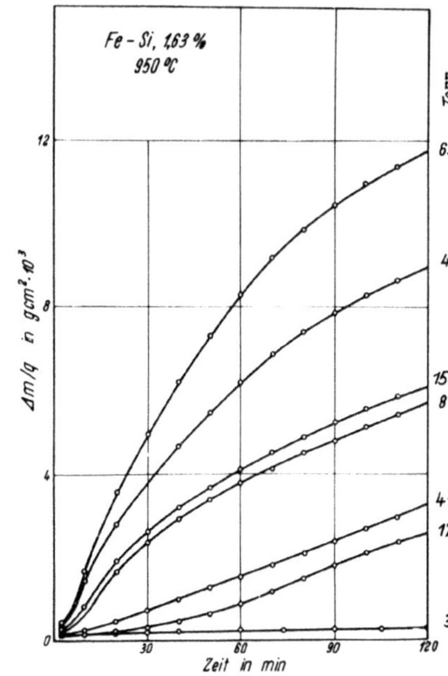

Abb. 23
Oxydationsverlauf einer Eisen–Silizium-Legierung mit 1,63% bei 950° C in Abhängigkeit vom Sauerstoffdruck

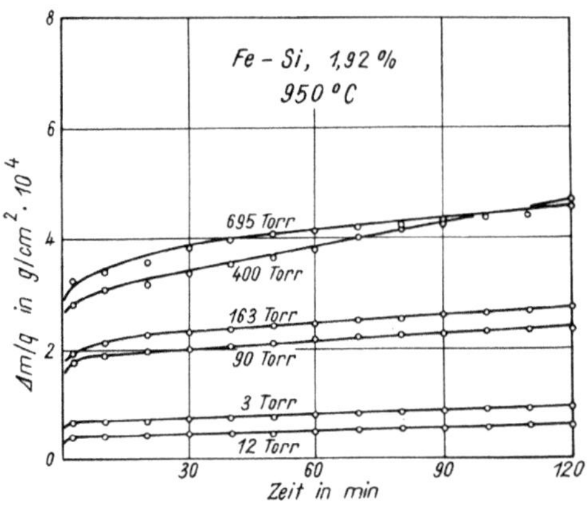

Abb. 24
Oxydationsverlauf einer Eisen–Silizium-Legierung mit 1,92% Si bei 950° C in Abhängigkeit vom Sauerstoffdruck

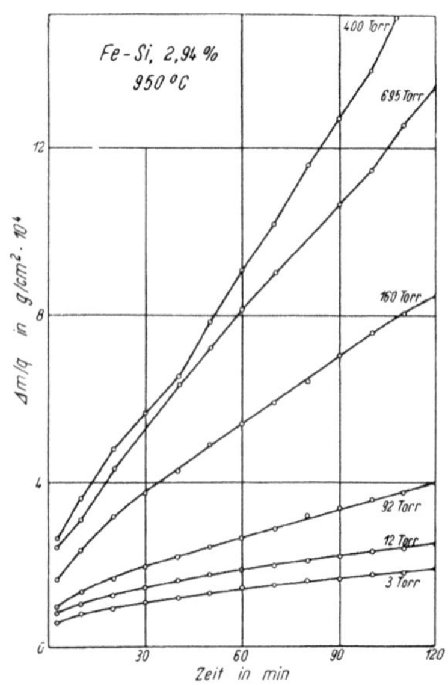

Abb. 25
Oxydationsverlauf einer Eisen–Silizium-Legierung mit 2,94% Si bei 950° C in Abhängigkeit vom Sauerstoffdruck

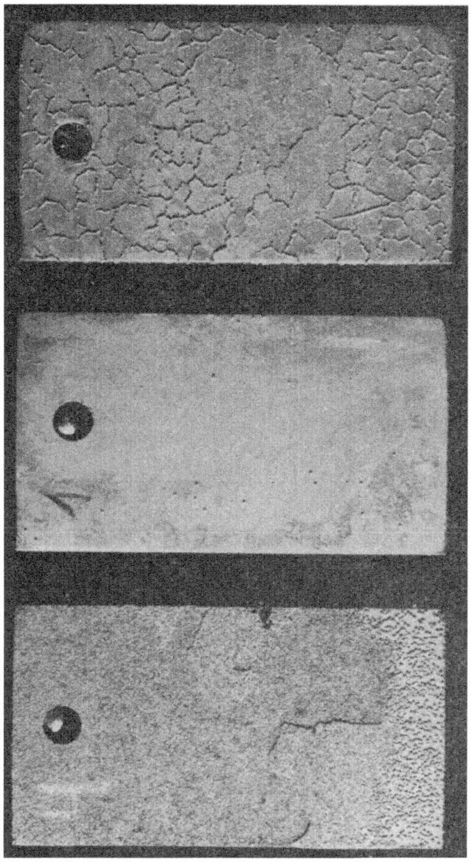

Abb. 26 Zunderbildung, 950° C, 2 h, $P_{O_2} = 400$ Torr

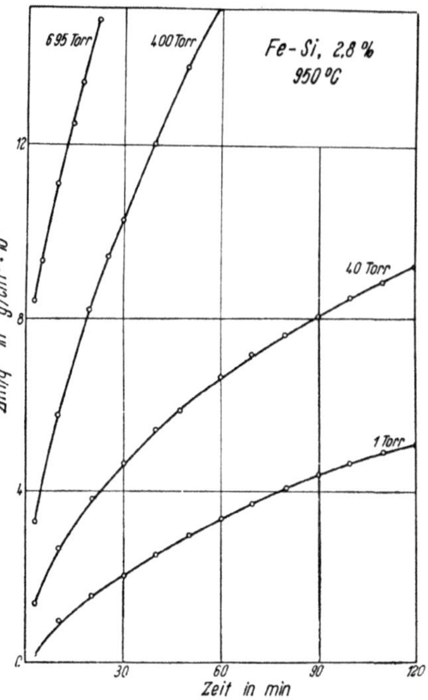

Abb. 27
Oxydationsverlauf einer Eisen–Silizium-Legierung mit 2,8% Si bei 950° C in Abhängigkeit vom Sauerstoffdruck

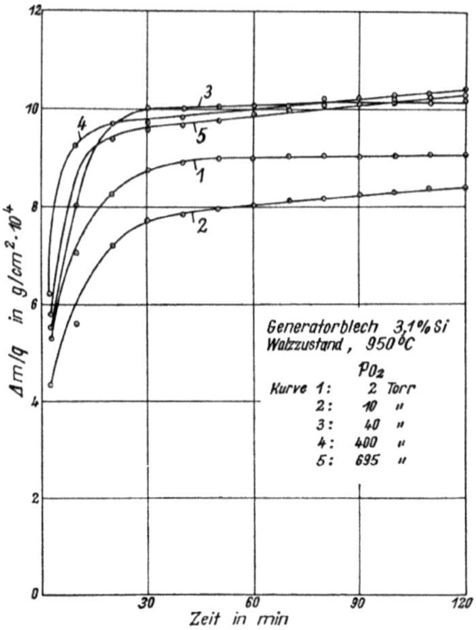

Abb. 28
Einfluß des Sauerstoffdruckes und der Glühdauer auf die Gewichtszunahme eines Generatorbleches

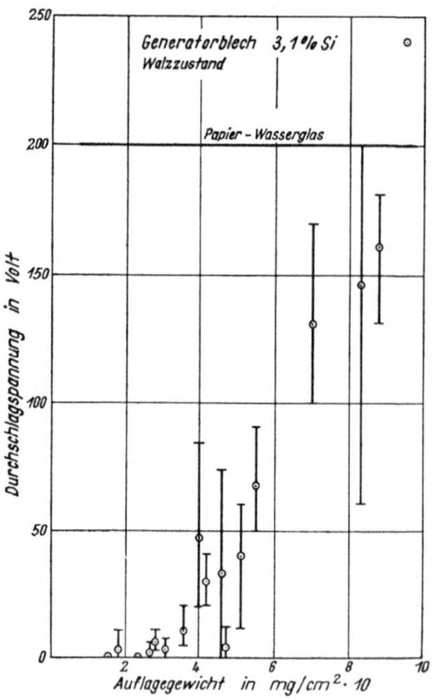

Abb. 29
Abhängigkeit der Durchschlagsfestigkeit vom Schichtgewicht der Probe eines Generatorbleches

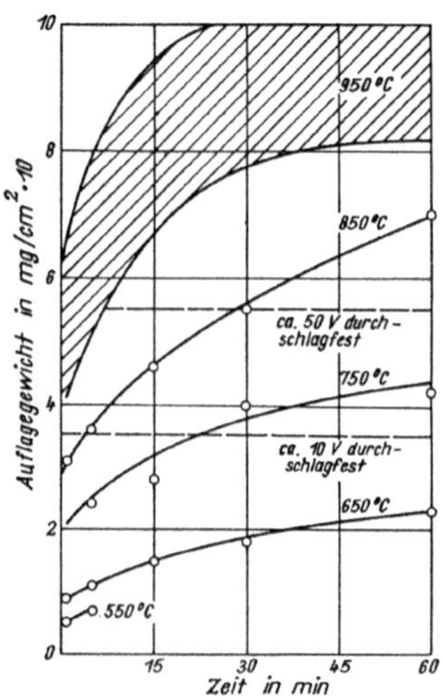

Abb. 30
Auflagegewicht in Abhängigkeit von den Glühbedingungen Generatorblech, Walzzustand

Forschungsberichte des Landes Nordrhein-Westfalen

Herausgegeben im Auftrage des Ministerpräsidenten Heinz Kühn
von Staatssekretär Professor Dr. h. c. Dr. E. h. Leo Brandt

Sachgruppenverzeichnis

Acetylen · Schweißtechnik

Acetylene · Welding gracitice
Acétylène · Technique du soudage
Acetileno · Técnica de la soldadura
Ацетилен и техника сварки

Arbeitswissenschaft

Labor science
Science du travail
Trabajo científico
Вопросы трудового процесса

Bau · Steine · Erden

Constructure · Construction material · Soil research
Construction · Matériaux de construction · Recherche souterraine
La construcción · Materiales de construcción
Reconocimiento del suelo
Строительство и строительные материалы

Bergbau

Mining
Exploitation des mines
Minería
Горное дело

Biologie

Biology
Biologie
Biologia
Биология

Chemie

Chemistry
Chimie
Quimica
Химия

Druck · Farbe · Papier · Photographie

Printing · Color · Paper · Photography
Imprimerie · Couleur · Papier · Photographie
Artes gráficas · Color · Papel · Fotografía
Типография · Краски · Бумага · Фотография

Eisenverarbeitende Industrie

Metal working industry
Industrie du fer
Industria del hierro
Металлообработывающая промышленность

Elektrotechnik · Optik

Electrotechnology · Optics
Electrotechnique · Optique
Electrotécnica · Optica
Электротехника и оптика

Energiewirtschaft

Power economy
Energie
Energía
Энергетическое хозяйство

Fahrzeugbau · Gasmotoren

Vehicle construction · Engines
Construction de véhicules · Moteurs
Construcción de vehículos · Motores
Производство транспортных · Средств

Fertigung

Fabrication
Fabrication
Fabricación
Производство

Funktechnik · Astronomie

Radio engineering · Astronomy
Radiotechnique Astronomie
Radiotécnica · Astronomía
Радиотехника и астрономия

GPSR Compliance

The European Union's (EU) General Product Safety Regulation (GPSR) is a set of rules that requires consumer products to be safe and our obligations to ensure this.

If you have any concerns about our products, you can contact us on ProductSafety@springernature.com

In case Publisher is established outside the EU, the EU authorized representative is:

Springer Nature Customer Service Center GmbH
Europaplatz 3
69115 Heidelberg, Germany

Batch number: 10584556

Printed by Printforce, the Netherlands